高素质农民培训教材

广西有机茶

生产技术与经营

广西农业广播电视学校　组织编写

廖贤军　吴潜华　刘助生　主　编

广西科学技术出版社

图书在版编目（CIP）数据

广西有机茶生产技术与经营 / 廖贤军，吴潜华，刘助生主编.
—南宁：广西科学技术出版社，2022.12
ISBN 978-7-5551-1806-0

Ⅰ．①广… Ⅱ．①廖… ②吴… ③刘… Ⅲ．①无污染茶园—
生产技术—广西 ②无污染茶园—经营管理—广西 Ⅳ．① S571.1

中国版本图书馆 CIP 数据核字（2022）第 103577 号

Guangxi Youjicha Shengchan Jishu Yu Jingying

广西有机茶生产技术与经营

廖贤军　吴潜华　刘助生　主编

责任编辑：黎志海　韦秋梅　　　　　　　封面设计：梁　良
责任印制：韦文印　　　　　　　　　　　责任校对：吴书丽

出 版 人：卢培钊
出版发行：广西科学技术出版社　　　　　社　　　址：广西南宁市东葛路66号
网　　址：http://www.gxkjs.com　　　　邮政编码：530023

经　　销：全国各地新华书店
印　　制：广西万泰印务有限公司
地　　址：南宁经济技术开发区迎凯路25号　邮政编码：530031

开　　本：787mm×1092mm　1/16
字　　数：100千字　　　　　　　　　　印　　张：5
版　　次：2022年12月第1版　　　　　　印　　次：2022年12月第1次印刷
书　　号：ISBN 978-7-5551-1806-0
定　　价：30.00元

前　言

茶产业是广西的优势特色农业产业，广西独特的自然环境适发展茶产业，具有一批全国知名的茶叶品牌，如广西六堡茶、横州茉莉花茶、凌云白毫茶、三江早春茶、桂林桂花茶等。广西的早春绿茶更具有品质优良、上市最早的鲜明特色，被誉为"中国第一早春茶"。

2020年广西茶叶产量和茶园面积均步入全国前十名，综合产值达260亿元，涉茶企业1300家，上规模制茶加工企业59家，茶农专业合作社711家，茶叶各类注册商标500多个。

"十三五"期间，广西茶产业取得快速发展，茶园面积、茶叶产量分别从2015年的101.6万亩、6.3万吨增长到2020年的136.92万亩、8.83万吨，增幅分别达34.76%、40.16%。茶产业在脱贫攻坚中发挥了重要作用，有效促进边远山区、少数民族地区经济发展和农民增收。广西14个设区市48个产茶县中，80%以上的茶园分布在边远山区，有979个自然村、超过20万户农户种植茶叶，茶产业成为农民脱贫致富的支柱产业。

广西"十四五"规划要求建设现代特色农业强区，促进农业高质高效、乡村宜居宜业、农民富裕富足，推进质量兴农、绿色兴农，推行农业标准化生产，加强绿色食品、有机农产品和农产品地理标志建设，广西有机茶的发展充分发挥当地生态优势、环境优势和农业优势，走上发展的快车道。

为适应广西茶叶有机茶生产迅速发展的需要，在广西壮族自治区农业农村厅的领导下，我们编写《广西有机茶生产技术与经营》一书，介绍有机茶概论，有机茶园基地建设，有机茶园土壤与施肥管理，有机茶园病虫草害防治，有机茶园茶树树形树势管理，有机茶的加工、储运和销售管理，有机茶认证与标志等，同时还根据实际案例针对性地探讨与展望广西有机茶发展方向。本书内容通俗易懂、实用性强，可供茶场、茶厂的广大职工及茶农阅读参考。本书参考了业界多位专家学者的有关技术资料，在此一并致谢。

　　由于时间仓促，以及编者业务水平有限，书中难免存在错漏之处，敬请广大读者和专家同行批评指正。

编著者

目录

第一章　有机茶概论

一、有机茶概念

随着人们生活水平的提高，食品质量安全日益受到人们的重视。茶叶作为一种历史悠久、深受人们喜爱的饮料食品，其卫生质量特别是茶叶中的农药残留备受关注。随着有机农业、有机食品的兴起，有机茶也应运而生，并且很快得到广泛的关注。

有机茶，是指在原料生产过程中以有机农业生产体系和方法进行生产，符合国际有机农业运动联盟（IFOAM）的标准，经有机（天然）食品认证机构发给证书的茶叶及其相关产品。有机茶在生产过程中，遵循自然规律和生态学原理，采取对生态和环境友好、可持续发展的农业技术，不使用合成的化肥、农药、植物生长调节剂等物质，在加工过程中不使用合成的化学食品添加剂等物质。有机茶叶是一种无污染、纯天然的茶叶，也是我国第一个颁证出口的有机食品。

1988年国家环璋保护局南京环境科学研究所加入IFOAM，同年开始有机绿茶试点开发，1990年浙江省茶叶进出口公司第一次将中国有机茶出口到欧洲，标志着中国有机农业的正式起步。1994年10月国家环境保护局有机食品发展中心（OFDC）成立，1995年4月国际有机作物改良协会（OCIA）在OFDC成立中国分会，中国分会先后制定了《有机食品标志管理章程》《有机食品生产和加工技术规范》和《有机产品认证标志》，与国际通行标准接轨。1996年中国农业科学院茶叶研究所加入IFOAM，1998年4月经OFDC授权，在杭州成立全国有机茶开发中心，1999年在杭州成立中国农业科学院茶叶研究所有机茶研究与发展中心（OTRDC），先后协助农业部和浙江省制定和修订了一系列标准，为我国有机茶产业的发展奠定了良好基础。目前，我国有机茶的相关法规和监督管理体系日趋完善，为保障行业健康发展提供了基础。

二、有机茶生产特点和原则

（一）有机茶生产特点

有机茶生产是一种在生产过程中不使用化学合成物质、采用有益环境资源技术为特征的生产体系，是保护生态环境、节约自然资源的重要生产方式，对于提高茶叶质量和竞争力具有非常重要的作用。有机茶生产的特点，一是按照有机农业生产体系和方法进行生产，二是符合 IFOAM 标准，三是取得认证机构颁发的认证证书，四是采用环境资源有益技术，五是不使用化学合成物质。

（二）有机茶与绿色食品茶的区别

绿色食品，是指产自优良生态环境、按照绿色食品标准生产、实行全程质量控制并获得绿色食品标志使用权的安全、优质食用农产品和相关产品。绿色食品分为 A 级和 AA 级 2 个等级，AA 级的生产标准基本等同于有机农业标准。

绿色食品茶是根据农业农村部对绿色食品生产、加工标准进行生产加工的。A 级绿色食品茶在生产过程中允许使用限定量的化学合成物质、高效低毒的化学农药，也允许使用少量化肥，但是产品中的农药残留必须符合我国或欧盟国家规定的农药最大残留限量标准。AA 级绿色食品茶的生产加工标准要求基本与有机茶生产加工标准一致，生产加工过程中禁止使用化肥、农药、植物生长调节剂、食品添加剂和转基因技术等，主要以农业措施和物理方法防治茶园病虫草害，允许使用有机肥、生物农药等进行茶园管理。绿色食品是普通耕作方式生产的农产品向有机食品过渡的一种食品形式。有机食品是食品行业的最高标准。绿色食品和有机食品都是安全食品，安全是这两类食品的突出共性。绿色食品和有机食品的认证不同，绿色食品只在我国得到认可，国际上尚无此概念，而有机食品在国际上已经被普遍接受。

（三）有机茶生产遵循的原则

1. 茶树品种应选择对当地环境具有较强适宜性的

品种应选择适应当地气候、土壤，并对当地主要病虫害有较强抗性的良种，还应注重加强不同遗传特性品种的搭配。种子和苗木应来自有机农业生产系统，在有机食品生产的初始阶段无法得到认证的有机种苗时，可使用未经禁用物质处理的常规种苗。

2. 构建茶园生态良性系统

茶园四周和茶园内不适合种植茶树的空地应植树造林，茶园的上风口应营造防护林，主要道路沟渠两边种植行道树，梯壁坎边种草。低纬度低海拔茶区集中连片的茶园可因地制宜种植遮阴树，遮光率控制在 20% ～ 30%。对缺丛断行严重、密度较低的茶园，通过补植缺株，采取合理的剪、采、养等措施提高茶园覆盖率，坡度过大、水土流失严重的茶园应退茶还林或还草。重视生产基地病虫草害的天敌等生物及其栖息地的保护，增进生物多样性，在茶园设立地头积肥坑，并提倡建立绿肥种植区，尽可能为茶园提供有机肥源，制订和实施有针对性的土壤培肥计划、病虫草害防治计划和生态改善计划，建立完善的农事活动档案。

3. 定期检测土壤和改良施肥

定期检测茶园土壤肥力水平和重金属元素含量，一般要求每2年检测1次。根据检测结果，有针对性地采取土壤改良措施。采用地面覆盖等措施提高茶园的保土蓄水能力，覆盖物应未受有害或有毒物质的污染。采取合理耕作、多施有机肥等方法改良土壤结构。耕作时应考虑当地降水条件，防止水土流失。对土层深厚、松软、肥沃，树冠覆盖度大，病虫草害少的茶园可实行减耕或免耕。提倡通过放养蚯蚓和使用有益微生物等生物措施改善土壤的理化性状和生物性状，但微生物不能是基因工程产品。施肥必须符合有机农业生产要求，有机肥料的污染物质含量应符合规定，并经有机认证机构的认证；微生物肥料应是非基因工程产物，并符合要求。

4. 病虫草害防重于治

遵循防重于治的原则，从整个茶园生态系统出发，以农业防治为基础，综合运用物理防治和生物防治措施，创造不利于病虫草滋生而有利于各类天敌繁衍的环境条件，增进生物多样性，保持茶园生态平衡，减少各类病虫草害所造成的损失。

5. 采摘遵循采留结合、量质兼顾和因树制宜的原则

应根据茶树生长特性和成品茶对加工原料的要求，按标准适时采收。采摘时宜采用提手采，保持芽叶完整、新鲜、匀净，不夹带鳞片、茶果与老枝叶。发芽整齐、生长势强、采摘面平整的茶园提倡机采。采茶机应使用无铅汽油，防止汽油、机油污染茶叶、茶树和土壤。采用清洁、通风性良好的竹编网眼茶篮或篓筐盛装鲜茶叶。

6. 定期对外部投入的物质进行评价

对投入物质应从作物产量、品质、环境安全性、生态保护、景观、人类和动物的生存条件等方面进行全面评估。限制投入物质用于特种农作物（尤其是多年生农作物）、特定区域和特定条件。投入物质一般应来源于（按先后选用顺序）有机物（植物、动物、微生物）、矿物、等同于天然产品的化学合成物质。应优先选择可再生的投入物质，再选择矿物源物质，最后选择化学性质等同于天然产品的化学合成物质。在允许使用化学性质等同的投入物质时需要考虑其在生态上、

技术上或经济上的理由。投入物质的配料可以经过机械处理、物理处理、酶处理、微生物作用处理、化学处理（作为例外并受限制）。

三、有机茶生产相关政策、法规和标准

（一）有机茶生产国家标准

目前我国还没有专门针对有机茶生产的国家标准，有机茶的生产参照《有机产品　生产、加工、标识与管理体系要求》（GB/T 19630 — 2019）的相关规定。

（二）有机茶生产农业行业标准

《有机茶》（NY 5196 — 2002）

《有机茶生产技术规程》（NY/T 5197 — 2002）

《有机茶加工技术规程》（NY/T 5198 — 2002）

《有机茶产地环境条件》（NY/T 5199 — 2002）

（三）有机茶生产地方标准

《有机茶生产技术规程》（DB45/T 389 — 2007）

《有机绿茶加工技术规程》（DB45/T 1405 — 2016）

《有机工夫红茶加工技术规程》（DB45/T 1431 — 2016）

第二章　有机茶园基地建设

一、广西生态自然环境特点

广西地处我国西南部，位于东经 104°26′ ～ 112°04′、北纬 20°54′ ～ 26°23′，两广丘陵的西部，南边朝向北部湾，北回归线横贯中部，生态自然环境极具特点。

（一）地形地貌

广西地处中国第二级阶梯云贵高原的东南边缘，地势整体四周多山地与高原，而中部与南部多为平地，西北高、东南低，因此地势自西北向东南倾斜，西北与东南之间呈盆地状，素有"广西盆地"之称。其特征：①大小盆地相杂。西北部为云贵高原边缘，东北部为南岭山地，东南部及南部是云开大山、六万大山、十万大山。盆地中部被广西弧形山脉分割，形成以柳州为中心的桂中盆地，沿广西弧形山脉前凹陷为右江、武鸣、南宁、玉林、荔浦等众多中小盆地，形成大小盆地相杂的地貌结构。②山系多呈弧形，层层相套。自北向南大致可分为 4 列，山系走向明显呈现东部受太平洋板块挤压、西部受印度洋板块挤压的迹象。③丘陵错综，占广西总面积的 10.3%，在桂东南、桂南及桂西南连片集中。④平地（包括谷地、河谷平原、山前平原、三角洲及低平台山）占广西总面积的 26.9%。广西平原主要有河流冲积平原和溶蚀平原 2 类。⑤喀斯特地貌广布，集中连片分布于桂西南、桂西北、桂中、桂东北，约占广西总面积的 37.8%。

（二）气候条件

广西地处低纬度，北回归线横贯中部，属亚热带季风气候区，大部地区气候温暖，热量丰富，雨水丰沛，干湿分明，季节变化不明显，日照适中，冬季时间短，夏季时间长。各地年平均气温 16.5 ～ 23.1℃，年平均降水量 841.2 ～ 3387.5 mm，年日照时数 1213.0 ～ 2135.2 小时。广西各地日平均气温 ≥ 10℃的积温为 5000 ～ 8000℃，是全国较高积温省区之一。丰富的热量资源为各地因地制宜发展农作物提供了有利条件。

（三）土壤条件

广西主要土壤类型为红壤、赤红壤、黄壤、砖红壤以及隐域性土壤石灰（岩）

土、紫色土等。红壤是广西分布面积最大的土类，约占广西土壤总面积的29.6%，分布于北回归线以北海拔 700 m 以下的低山丘陵和北回归线以南海拔700 m 以上的山地，原生植被为亚热带常绿阔叶林，人工林有桉树、马尾松、杉木、竹、油茶等。土壤 pH 值为 4.5 ~ 5.5，有机质含量 1% ~ 5%。赤红壤分布于北回归线以南至北纬 22° 的低山丘陵区，原生植被为南亚热带季节性雨林，pH 值为 4.5 ~ 5.0，有机质含量约 1%。砖红壤分布于北纬 22° 以南的低平丘陵地区，原生植被为季节性雨林，土壤形成以砖红壤化过程为主，一般土层深厚，pH 值为 4.0 ~ 5.5，有机质含量较少。隐域性土壤中石灰土分布面积较广，主要分布于桂西南、桂西、桂中等地区，约占广西土壤总面积的 6.7%。石灰土为盐基饱和土壤，盐基饱和度 80% 以上，土壤呈碱性至中性反应，有机质含量较丰富，有较好的团粒结构。由于各地气候不同而有明显差异，按其发育程度和性状可分为黑色石灰土、棕色石灰土、黄色石灰土和红色石灰土 4 种。紫色土分布零星，面积不大，主要分布于邕江、郁江一线以南，海拔 250 m 以下的低丘地区；桂北的全州、兴安、荔浦亦有分布。紫色土主要发育在紫色砂岩、页岩、砾岩和泥岩的风化物上，母质特征明显。地形以丘陵台地为主。紫色土由于成土时间短，富铝化不明显，pH 值为 6.5 ~ 7.0，有机质含量较少，仅为 0.2% ~ 2%。

二、有机茶园生产基本要求

有机茶的生产须严格按照其生产技术基本要求进行规范，应包括其产地环境及生产等各环节技术要求。

（一）有机茶园土壤、空气、灌溉水要求

茶叶的质量与环境息息相关，茶园环境的优劣直接影响茶叶的品质、安全性及卫生性。有机茶园要求生态条件良好，其土壤、空气及灌溉水的质量均应符合《有机茶产地环境条件》（NY 5199 — 2002）中规定的要求。

（1）土壤。土壤是农作物生存的基础，优质高产的茶叶须依靠良好适宜的茶园土壤条件。土壤中的重金属可在人体内富集，其毒性较大，可引起慢性中毒或急性中毒，严重时可能导致癌症或畸形等情况。因此，《有机茶产地环境条件》（NY 5199 — 2002）对土壤中镉、汞、砷、铅、铬、铜 6 种重金属元素含量做了要求，有机茶园土壤环境质量应符合表 2-1 的要求。

表 2-1　有机茶园土壤环境质量标准

项 目	浓度限值
pH 值	4.0 ～ 6.5
镉	≤ 0.20 mg/kg
汞	≤ 0.15 mg/kg
砷	≤ 40 mg/kg
铅	≤ 50 mg/kg
铬	≤ 90 mg/kg
铜	≤ 50 mg/kg

（2）空气。由于茶叶在采摘、加工等环节均未经过清洗，空气中的污染物可直接接触叶片，直接冲泡饮用后可能造成一定危害。《有机茶产地环境条件》（NY 5199 — 2002）对有机茶园空气中总悬浮颗粒物、二氧化硫、二氧化氮、氟化物的含量提出了一定要求（表2-2），要求有机茶园上空及周边空气环境做到清洁、无污染。

表 2-2　有机茶园环境空气质量标准

项 目	日平均	1 小时平均
总悬浮颗粒物（TSP）（标准状态）	≤ 0.12 mg/m^3	—
二氧化硫（SO_2）（标准状态）	≤ 0.05 mg/m^3	≤ 0.15 mg/m^3
二氧化氮（NO_2）（标准状态）	≤ 0.08 mg/m^3	≤ 0.12 mg/m^3
氟化物（F）（标准状态）	≤ 7 μg/m^3	≤ 20 μg/m^3
	≤ 1.8 μg/（dm^2·d）	—

注：日平均指任何一日的平均浓度；1小时平均指任何一小时的平均浓度。

（3）灌溉水。有机茶园的用水应做到清洁卫生、无污染，茶树为耗水量较大的作物，适合生长在年降水量为 1500 mm 的地区。有机茶园对灌溉水水质有较严格的要求，其中的有害物质含量需符合《有机茶产地环境条件》（NY 5199 — 2002）中提出的要求（表2-3）。广西大部分茶园属于山区或坡地茶园，有的尚无灌溉条件保障，仅依靠天然降水维持茶树生长，其水质、水量无法保证，可能会影响茶叶的质量和产量。进一步发展设施农业，保障不同形式的灌溉水源是今后努力的方向。

表2-3　有机茶园灌溉水质标准

项目	浓度限值	项目	浓度限值
pH 值	5.5 ～ 7.5	铬（六价）	≤ 0.1 mg/L
总汞	≤ 0.001 mg/L	氰化物	≤ 0.5 mg/L
总镉	≤ 0.005 mg/L	氯化物	≤ 250 mg/L
总砷	≤ 0.05 mg/L	氟化物	≤ 2.0 mg/L
总铅	≤ 0.1 mg/L	石油类	≤ 5 mg/L

（二）有机茶园周边环境要求

为确保有机茶园不受污染，其周边环境应保证清洁、无污染，并起到一定的隔离作用。茶园周边以山和自然植被等天然屏障为宜，也可以是人工营造的树林和农作物。农作物应按有机农业生产方式栽培，其环境要求与有机茶园的一致（表2-1至表2-3）。

三、有机茶园基地选址与茶树品种选择

（一）广西有机茶园基地选址要点

由表2-1至表2-3可知，有机茶的生产对其环境的要求极高，其生产基地必须空气清新、水质纯净、土质肥沃且未受污染，因此在进行有机茶园基地选址时应严格按《有机茶产地环境条件》（NY 5199 — 2002）的要求进行选择，可综合考虑以下几点。

（1）有机茶产地应远离城市工业区、城镇、居民生活区和交通干线，水土保持良好，有机茶园周围林木繁茂，生物多样性良好，远离污染源，具有较强的可持续生产能力。基地附近及上风口、河道上游无明显的和潜在的污染源，以保证不受污染。

（2）有机茶园与常规农业生产区域之间应有明显的隔离带，以保证茶园不受污染。隔离带以山和自然植被等天然屏障为宜，也可以是人工营造的树林和农作物，农作物应按有机农业生产方式栽培。

（3）茶园土壤环境质量应符合规定要求，理化性状较好，潜在肥力水平较高，最好是壤土、油沙土等。茶园近3年没有施用过化肥、农药。生产基地的空气清新，生物植被丰富，周围有较丰富的有机肥源。

（4）茶叶基地的生产者、经营者应具有良好的生产技术基础，基地规模较大的，周围还应有充足的劳动力资源和清洁的水源。

（5）茶园要适当集中，有一定面积，种植规范，茶树树势良好，病虫害少。

（二）广西有机茶园基地规划和开垦

广西境内山区较多，在有机茶园基地进行规划与开垦时应根据《有机茶生产技术规程》（NT/T 5197 — 2002）的要求进行。

1. 基地规划

基地规划应有利于保持水土，保护和增进茶园及其周围环境的生物多样性，保持茶园生态平衡，发挥茶树良种的优良种性，便于茶园排灌、机械作业和田间日常作业，促进茶叶生产的可持续发展。

根据茶园基地的地形、地貌、合理设置场部（茶厂）、种茶区（块）、道路、排蓄灌水利系统，以及防护林带、绿肥种植区和养殖业区等。

新建基地时，对坡度大于 25°，土壤深度小于 60 cm，不宜种植茶树的区域应保留自然植被。对于面积较大且集中连片的基地，每隔一定面积应保留或设置一些林地。

禁止毁坏森林发展有机茶园。

2. 道路和水利系统

设置合理的道路系统，连接场部、茶厂、茶园和场外交通，提高土地利用率和劳动生产率。

建立完善的排灌系统，做到能蓄能排。有条件的茶园应建立节水灌溉系统。

茶园与四周荒山陡坡、林地和农田交界处应设置隔离沟、隔离带；梯地茶园需在每台梯地的内侧开一条横沟。

3. 茶园开垦

茶园开垦应注意水土保持，根据不同坡度和地形，选择适宜的时期、方法和施工技术。

坡度 15° 以下的缓坡地等高开垦；坡度在 15° 以上的，修筑等高梯级茶园。开垦深度在 60 cm 以上的需破除土壤中硬隔层、网纹层和犁底层等障碍层。

（三）广西有机茶生产茶树品种选择

有机茶园中所用的茶苗和种子应来自有机农业生态系统，但在有机生产的初始阶段无法得到认证的有机种子和苗木时，可使用未经禁用物质处理的常规种子与苗木。在品种的选择上应选择适应广西本地气候、土壤，并对本地主要病虫草害有较强的抗性的茶树良种，同时注意加强不同遗传特性品种的搭配。如凌云白毫茶、桂绿 1 号等抗逆性（抗病虫、抗寒冷、抗干旱等）较好的茶树品种。种苗质量应符合《茶树种苗》（GB 11767 — 2003）中规定的 I 级、II 级标准，且禁止使用基因工程繁育的种子和苗木。在种植时应采用单行或双行条栽方式种植，坡地茶园等高种植。种植前施足有机底肥，深度为 30 ~ 40 cm。

四、非有机茶园的有机转换

（一）常规茶园向有机茶园转换

根据《有机茶生产技术规程》（NY/T 5197 — 2002）的要求，常规茶园成为有机茶园需要经过转换。生产者在转换期间必须完全按有机茶生产技术规程的要求进行管理和操作。茶园的转换期一般为 3 年。但某些已经在按有机茶生产技术规程管理或种植的茶园，如能提供真实的书面证明材料和生产技术档案，则可以缩短甚至免除转换期。已认证的有机茶园一旦改为常规生产方式，则需要经过转换才有可能重新获得有机认证。

（二）荒芜和失管茶园向有机茶园转换

荒芜和失管茶园指经人工开垦后因经济效益较差、管理不善等而任其自行生长的茶园，通常地理位置较为偏远、远离污染，具有开发为有机茶园的基础。若环境条件符合有机茶产地环境要求，可按照有机茶的生产技术规程对原茶园进行管理改造、组织生产，可缩短有机转化期。

第三章 有机茶园土壤与施肥管理

一、有机茶园施肥

与普通茶园不同，有机茶园中所用的肥料品种及施用方式都存在一定限制。为确保有机茶的优质高产，使得有机茶可持续发展，应特别重视有机茶园的肥料施用。

（一）有机茶园肥料选择

有机茶园应主要施用有机肥，即无公害化处理的堆肥、沤肥、厩肥、沼气肥、绿肥、饼肥及有机茶专用肥。但可针对不同土壤的土质情况选择矿物源肥料、微量元素肥料和微生物肥料作为培肥土壤的辅助材料。其中，微量元素肥料在确认茶树有潜在缺素危险时作为叶面肥喷施。微生物肥料应为非基因工程产物，并符合《微生物肥料》（NY 227 — 1994）、《根瘤菌肥料》（NY 410 — 2000）、《固氮菌肥料》（NY 411 — 2000）等的要求。根据《有机茶生产技术规程》（NY/T 5197 — 2002）的规定，土壤培肥过程中允许和限制使用的物质见表 3-1，且禁止在有机茶园使用化学肥料和含有毒、有害物质的城市垃圾、污泥和其他物质等。

表 3-1 有机茶园允许和限制使用的土壤培肥和改良物质

类别	名称	使用条件
有机农业体系生产的物质	农家肥	允许使用
	茶树修剪枝叶	允许使用
	绿肥	允许使用
非有机农业体系生产的物质	茶树修剪枝叶、绿肥和作物秸秆	限制使用
	农家肥（包括堆肥、沤肥、厩肥、沼气肥、家畜粪尿等）	限制使用
	饼肥（包括菜籽饼、豆籽饼、棉籽饼、芝麻饼、花生饼等）	未经化学方法加工的允许使用
	充分腐熟的人畜粪尿	只能用于浇施茶树根部，不能用作叶面肥
	未经化学处理木材产生的木料、树皮、锯屑、刨花、木灰和木炭等	限制使用

续表

类别	名称	使用条件
非有机农业体系生产的物质	海草及其用物理方法生产的产品	限制使用
	未掺杂防腐剂的动物血、肉、骨头和皮毛	限制使用
	不含合成添加剂的食品工业副产品	限制使用
	鱼粉、骨粉	限制使用
	不含合成添加剂的泥炭、褐炭、风化煤等含腐殖酸类的物质	允许使用
	经有机认证机构认证的有机茶专用肥	允许使用
矿物质	白云石粉、石灰石和白垩	用于严重酸化的土壤
	碱性炉渣	限制使用，只能用于严重酸化的土壤
	低氯钾矿粉	未经化学方法浓缩的允许使用
	微量元素	限制使用，只作叶面肥使用
	天然硫黄粉	允许使用
	镁矿粉	允许使用
	氯化钙、石膏	允许使用
	窑灰	限制使用，只能用于严重酸化的土壤
	磷矿粉	镉含量小于 90 mg/kg 的允许使用
	泻盐类（含水硫酸岩）	允许使用
	硼酸岩	允许使用
其他物质	非基因工程生产的微生物肥料（固氮菌、根瘤菌、磷细菌和硅酸盐细菌肥料等）	允许使用
	经农业农村部登记和有机认证的叶面肥	允许使用
	未污染的植物制品及其提取物	允许使用

（二）有机茶园施肥技术

有机茶园施用基肥一般每亩*施农家肥 1000 ～ 2000 kg，或施用有机肥 200 ～ 400 kg，必要时配施一定数量的矿物源肥料和微生物肥料，于当年秋季开沟深施，施肥深度 20 cm 以上。追肥可结合茶树生育规律进行多次，采用腐熟后的有机肥，在根际浇施；或每亩每次施商品有机肥 100 kg 左右，在茶叶开采前

注：* 亩为常用非法定计量单位，为方便阅读及应用，本书仍保留该单位，1 亩 ≈ 666.7 m²。

30 ～ 40 天开沟施入，沟深 10 cm 左右，施后覆土。叶面肥应根据茶树生长情况合理使用，但使用的叶面肥必须在农业农村部登记并获得有机认证机构的认证。叶面肥在茶叶采摘前 10 天停止使用。所施用的有机肥的污染物质应符合表 3-2 的要求。

表 3-2 商品有机肥污染物质允许含量

项目	浓度限值（mg/kg）
砷（As）	≤ 30
汞（Hg）	≤ 5
镉（Cd）	≤ 3
铬（Cr）	≤ 70
铅（Pb）	≤ 60
铜（Cu）	≤ 250
六氯环己烷（HCH）	≤ 0.2
双对氯苯基三氯乙烷（DDT）	≤ 0.2

除了施用有机肥，有机茶园也需要重视茶园农作物的间作，如间作豆科植物等。一方面可防止茶园水土流失，改善生态环境；另一方面间作农作物可生产出一定量的绿肥，不断提高土壤肥力。有机茶园在选择种植绿肥时，要考虑其是否会与茶树争肥、争水、争光，要根据茶园土壤特点、茶树年龄、绿肥习性以及当地气候条件等各方面因素，因地制宜地选好绿肥种类和合适的品种，并合理间作，同时管理好茶树和绿肥，为有机茶的生产创造良好的土壤环境。

二、有机茶园土壤管理

茶园内土壤的肥沃程度、种植行间的覆盖以及除草情况等因素都会影响茶树的生长，从而影响茶叶的品质，因此有机茶园的管理需重视土壤的管理。

（一）有机茶园土壤 pH 值调节

茶树是喜酸性土壤作物，一般土壤 pH 值为 5 ～ 6 最适茶树生长。但是当土壤 pH 值低于 4.5 时茶树生长及产量和品质会受到不良影响，茶区土壤酸化后不仅理化性状恶化，而且土壤营养不平衡；当土壤 pH 值在 6.5 以上时，土壤碱化，茶树根系变黑、烂根、叶薄、分枝少、产量低、品质差等，无论酸化还是碱化，茶树都会生长不良，需要进行调节。可以从以下几点进行改良。

（1）增施有机肥。有机肥可以提供作物生长过程中需要的养分，起到改善土壤结构、增强茶园土壤缓冲能力、防止土壤酸化、净化土壤等作用。

（2）投入品改良。在偏酸土壤中，允许有机生产中投入石灰石粉、白垩，石灰石用量不能太大，需慢慢调节；在较严重的情况下允许使用白云石粉，在施用白云石粉等调节时必须注意，土壤 pH 值降至 4.5 以下时方可施用，pH 值 4.5 以上的茶园一般情况不施用。施用白云石粉时以撒施为主，白云石粉必须通过 100 目以下细筛，越细效果越好，将其均匀撒到行间，通过耕作埋到土中，每次每亩施用 30 ～ 50 kg 为宜，施用时要经常测定土壤 pH 值，当 pH 值上升至 5.5 后，停止施用。在偏碱土壤中，可采用天然来源的硫黄粉调整，如果土壤 pH 值为 6.6 ～ 7.0 时，每亩施 50 kg 硫黄粉，开沟 20 ～ 30 cm 施入，施后盖土；也可撒施，每亩施　150 kg，注意施用时保证不带其他有害金属元素，施用后时刻测定 pH 值变化，下降至 5.5 ～ 6.5 时，可停止施用。

（二）有机茶园耕作技术

有机茶园大多生态条件好，水热条件较好，极易滋生杂草。杂草不仅与茶树争肥、争光、争水，还会给病虫提供栖息的场所。适时适度耕作除草，可改良土壤，有效抑制病虫草害，促进茶树健康生长。

（1）茶园浅耕。可以疏松土壤，消除杂草，减轻土壤病虫，促进土壤熟化，提高土壤有效成分等。一般在春茶开采前要进行 1 次浅耕除草，深度 10 cm。春茶结束后浅耕削草，可疏松被采茶人踏实的表土，同时可推迟夏草生长。4 ～ 5 月梅雨季节，杂草生长快，梅雨结束后要结合除夏草进行 1 次除草浅耕。8 ～ 9 月正是秋草开花结实时期，这时及时进行除草，对防治翌年杂草生长非常重要，立秋后也要进行一次浅耕，这时浅耕对防止根层土壤水分的蒸发，有较好的保墒作用。

（2）茶园深耕。有机茶园深耕要因地制宜进行。对多次采摘的成龄茶园，因为经过多次踩踏，土壤表面板结，深耕可以疏松土层，增强土壤透气性，有利于根系生长，还可以把肥力较高的表土翻入下层，下层生土翻到表面，促使土壤不断熟化，提高土壤肥力，还能铲除杂草，翻出土壤中的虫卵，使其被冻死。但是深耕要注意方法，深耕会加速有机质分解消耗，使土壤间黏结力减少，最严重的后果是伤根。在常规密度的采摘茶园耕作，耕幅 40 cm，耕深 30 cm，根系损伤率 12%，耕幅扩大深度加深时，为了减少伤根，一般一年深耕 1 次即可，秋冬季结合施有机肥、翻埋茶园绿肥或覆盖草料进行，才能发挥深耕改土作用，深度以 20 ～ 30 cm 为宜，深耕时要行中深、根际浅，以便不伤根或少伤根。

（3）茶园免耕。种植时深耕施肥的基础工作较好，成园后行间土壤根系密度大，行间杂草少，土壤较疏松的茶园，可以采取免耕的方法。所谓免耕，也不是绝对不耕，是指在茶树生长的一定周期内进行耕作。

（三）有机茶园柴草覆盖技术

在有机茶园行间铺草覆盖是非常重要的一项土壤管理措施：①柴草覆盖有利于增加土壤有机质。草料的有机质含量非常高，养分丰富多样，彼此相互平衡，有利于土壤生物繁殖和土壤熟化，增加土壤营养元素，提高土壤肥力。②柴草覆盖可抑制杂草生长。茶园铺草后杂草总数明显降低，根据杭州茶叶试验场对丛栽茶园的调查，7～8月，没有铺草茶园的杂草数量高于铺草茶园的17倍。③通过覆盖可稳定土壤的热变化。在夏天可以防止土壤水分蒸发，具有抗旱保墒作用，夏天铺草土温可降低4～8℃；冬天则可以防止冻害，冬天铺草的土温比不铺草高1～3℃。此外铺草后还可降低采茶期间采茶人员对土壤的镇压强度，起到保护土体良好构型的作用。

有机茶园土壤覆盖物料主要有山草、稻草、麦秆、豆秸、绿肥、番薯藤等，最好以山草为主，因为山草没有施用化学肥料和农药，适合用于有机茶园，但是山草常常带有许多病菌、害虫及草籽等，容易把病菌、害虫带入茶园。因此，在使用时一定要对山草进行处理，通常有3种方法：一是经过暴晒，把山草铺开（厚30 cm），让阳光自然暴晒，杀死病菌、害虫，已经结实的草，要进行敲打，使其种子脱落。二是堆腐，使用微生物发酵或自制发酵菌等堆腐，利用堆腐时产生的高温杀死病菌、害虫。三是消毒处理，如果以上两种方法均不便，可以采用石灰水消毒，喷洒5%石灰水堆放一段时间再进行使用。

如果采用农作物的秸秆，如稻草、麦秆、豆秸、番薯藤等，要注意这些物料是否来自常规农田，其中是否含有较高的农药残留，如果含有大量的农药残留直接施入有机茶园，将会带来农药间接污染，有机茶园不能使用喷洒过农药的农作物秸秆。

有机茶园铺草方法应因地制宜，要在水土流失严重和杂草生长旺盛之前铺好。铺草时的厚度一般8 cm以上，以不露土为宜。一般来说，成龄采摘茶园每亩铺干草为1000～1500 kg或鲜草2500～3000 kg，幼龄茶园不少于3000～4000 kg，有条件的可以适当再增加。平地茶园可直接把草料放在行间；坡地茶园应该在铺后的草料上放泥块镇压，防止被水冲走；对刚刚移栽的幼龄茶园铺草时草料应紧靠根际，防止根际失水造成死苗，起到保水保苗的作用。

第四章　有机茶园病虫草害防治

一、有机茶园病虫草害综合防治基本原理

由于 20 世纪 80～90 年代许多茶园使用高毒高残的有机磷农药，对天敌昆虫杀伤很大，茶园害虫恶性发生。茶园害虫主要有茶毛虫、茶叶螨类、茶粉虱类、茶小绿叶蝉、茶尺蠖、蚜虫等，如果未能及时控制，则为害严重。21 世纪后，一些低毒高效农药在茶园上的推广使用，逐步形成了茶园新的生物依存控制体系，害虫天敌的种群数量明显上升，控制作用明显。现在茶园普遍出现的害虫主要是活动力强的茶小绿叶蝉，可能是一般的天敌不易捕获到它，它也不易被寄生所致。其他主要害虫种群数量在不断下降，为害面积也在缩小。无公害茶园一年一般防治虫害 2～3 次，春茶采后 5～6 月使用 1 次农药，8～9 月使用 1 次农药，有的 11 月使用 1 次封年药。肥料多用化肥、复合肥。用药防治对象存在一定的盲目性，病害一般少有茶农防治。有机茶园因天敌种类数量更多，害虫发生更加温和，危害不大。所以有机茶园管理工作重点主要在中耕除草、使用有机肥和修剪上。无论有机茶园还是无公害茶园，炭疽病发生均较重，冬季的病叶率为 1%～29%，平均为 6.5%，6～11 月发病高峰期病叶率为 2%～60%，平均为 19%。该病会引起掉叶，从而影响茶叶的出芽数量和质量，但具体影响程度有待进行实验评估。

对新建有机茶园或无公害茶园升级为有机茶园的，地点选定在自然条件较好、植被丰富、气候适宜的山区和半山区，生态环境要求远离城市和工业区以及村庄与公路，以防止城乡灰尘、废水、废气及过多人为活动给茶叶带来污染。茶地周围应林木繁茂，具有生物多样性；空气清新，水质纯净；土壤未受污染，土质肥沃。

有机茶种质资源丰富，可以为抗性品种培育提供大量选择材料。大面积移植抗病力强的茶株，可以有效增强有机茶综合抗病能力。

（一）全年综合管理安排及其原理

1. 加强肥水管理

2～4 月，在茶树发芽前 15～30 天采用沟施法，施用有机肥催芽，沟深以 25 cm 效果较好，施肥后及时覆土。同时注意浇水方式、方法及用量，以促进春茶早发，提高土壤肥力的效果。

2. 适时适度修剪

5月下旬至7月中旬，对需要采摘夏秋茶的茶园，需对茶树进行轻修剪，对于修剪的健康茶树枝叶，可覆盖土表作为绿肥使用；有病虫害的枝叶，应进行销毁处理，防止其扩散蔓延。对不需采摘夏秋茶的成年茶园，应该进行深修剪，以培养树冠树势，防止秋冬季生殖生长过盛，出现开花结果现象。通过适时适度修剪，改善茶园通风透光条件，抑制病虫害发生。

3. 及时中耕锄草

3月中下旬，进行1次深度10～15 cm的浅耕，促进春茶提早萌发。5月下旬至7月，进行1次深度8～12 cm浅耕，加速土壤熟化。但应注意浅耕后用生草或干草覆盖土表。11～12月冬季管理时，结合深耕培土施用有机肥，促进茶树根系生长和土壤微生物活动，增强土壤通透性，破坏害虫栖息场所及病菌生存环境，将在土壤表层准备越冬害虫的蛹、幼虫、卵及多种病原体深埋土中，使其翌年春季因缺氧而不能羽化；同时，将在深土层中越冬害虫的蛹、幼虫、卵及多种病原体翻出，暴露于土壤表面，利用冬季寒冷条件使其无法存活，以达到减少病虫害基数，加快恢复树势，促使翌年茶叶优质高产的目的。

4. 生物防治

（1）保护和利用天敌。将修剪下的枝叶集中存放，堆在茶园附近，帮助天敌构筑巢穴；用农作物秸秆收集蜘蛛及人工制作巢箱，招引益鸟啄食茶园害虫；杜绝使用有毒农药，避免对天敌造成伤害。

（2）使用生物农药。

①治虫：2～4月，使用生物农药0.5%藜芦碱500倍稀释液常量喷雾，防治茶小绿叶蝉、茶蚜、黑刺粉虱、茶蓟马、茶橙瘿螨等刺吸式口器害虫。5月下旬至7月中旬，使用0.5%藜芦碱可溶液剂300～500倍稀释液喷雾，防止茶小绿叶蝉6月出现为害高峰。9月下旬至10月上旬，若茶园茶小绿叶蝉百叶虫数达到5～6头，使用0.5%藜芦碱可溶液剂600倍稀释液；百叶虫数达到10～12头，使用0.5%藜芦碱可溶液剂300～400倍稀释液进行常量喷雾，预防茶小绿叶蝉在秋茶采收前期出现为害高峰。藜芦碱除可防治茶小绿叶蝉外，还可兼治茶蚜、茶蓟马等刺吸式口器害虫。5月下旬至10月上旬，先后2次施用短稳杆菌，可防治1～3龄期茶毛虫、茶尺蠖、茶细蛾等咀嚼式口器害虫。

②防病：2～10月，根据茶园病害发生情况，随时使用优满翠苦参碱300～500倍稀释液进行常量喷雾，防治云叶纹枯病、炭疽病、叶斑病等病害。但应注意在每次病害发生前5～7天使用效果更佳。

5. 物理防治

（1）使用矿物油。2～3月进行1次清园处理，选用矿物油150倍稀释液全园喷雾，杀灭已经越冬的病菌及虫卵。10～11月进行1次封园处理，将枯枝、落叶、杂草清除出茶园，选用矿物油150倍稀释液进行全园喷雾，杀灭准备越冬的病菌及虫卵，减少病虫越冬基数。

（2）安装诱虫灯。5月下旬至10月上旬，利用大部分害虫趋光性原理，在夜晚点亮杀虫灯，可综合防治茶毛虫、茶尺蠖、茶细蛾等羽化的成虫。

（3）扦插黏虫板。通过在茶园大量布置双面强力黏虫板，将飞到黏虫板上的害虫牢牢粘住。

总之，科学管理有机茶园，要从生态系统整体观念出发，因时、因地制宜地采取农业、生物、物理防治的综合措施来维持生态系统整体动态平衡，以达到取长补短、协调运用的目的，从根本上摒弃使用化学农药防治带来农药残留危害的弊病，最终实现安全高效、环境友好，促进有机茶业健康发展。

（二）全年防治安排及其原理

1. 1月至春茶开采（3～4月）前

春茶开采的时间随茶园的海拔高度不同而差异明显，茶叶品种特性也有影响。海拔600 m左右的低山区春茶开采可比海拔1000 m左右的山区早15天。1月至春茶开采前茶叶外部无明显生长状态，但根茎在积累营养。病虫害总体处于休眠期，多数害虫不发生为害。夏生杂草枯死，冬生和常年生杂草的生长慢，但对茶树有影响。这段时间管理上主要是清洁茶园，处理生长的和枯死的杂草，培植有机肥，但也要注意茶园周围植被的合理配置。

2. 3～4月、5～6月春茶采摘期

这两段时间是茶叶的主要收获期。春茶前期的3～4月病虫草增加不明显，但到5～6月就会迅猛发展。害虫发生时主要集中在新芽梢上取食为害，病害也在一些芽叶上面开始发生，勤采茶叶对茶小绿叶蝉、蚜虫、茶叶螨类、芽枯病、炭疽病等控制作用明显。因此，这段时间最好的病虫害控制工作就是把握好采茶时机，做到勤采、采净。

3. 7～8月和10～11月夏秋管期

这两段时期除一些采夏茶的茶园外，大部分茶园已采收结束。这两段时间茶树生长快，病虫草害发展快。此时的主要工作为人工或机械除草，对茶园主要病虫草害进行定期调查，如果其种群数量没有达到严重影响茶树生长的程度，可以靠生态控制。如果病虫草害发生到严重威胁茶树安全的程度，可考虑使用生物农药，可选择使用植物源农药、矿物源农药。植物源农药如川楝素、除虫菊和鱼藤酮等均具有杀虫活性，对鳞翅目害虫和茶小绿叶蝉都有一定的防治功效，但植物源农药对益虫也有杀伤作用，须在虫害发生严重时才能使用。

矿物源农药如石硫合剂等可用于防治茶叶螨类、茶小绿叶蝉和茶树病害，但应严格控制在非采茶季节使用。根据实际灭虫效果，不建议使用诱虫色板，但可以将其用于茶小绿叶蝉等害虫的测报。诱虫灯可用于害虫测报，但控制害虫的效果尚待进一步验证。以下是建议参考的一些有机茶园主要病虫达到为害严重的简易调查标准：有机茶园茶小绿叶蝉成虫和若虫平均 5 头 / 盆（内直径 33 cm），茶尺蠖幼虫平均 1 头 /5 叶（老叶新叶统算），茶叶蚧类平均 3 头 / 叶（老叶新叶统算），茶树蜡蚧类平均 1.5 头 / 枝（茶蓬内一年以上茶枝干，10 cm 长为 1 枝），茶叶螨类平均 10 头 / 叶（老叶新叶统算），茶炭疽病平均病叶率 25%（老叶新叶统算），杂草发生 3 级以上。

4. 10 ～ 11 月至 12 月秋冬管期

进入秋冬后茶叶生长放缓，害虫进入越冬，数量自然下降，夏生杂草逐步死亡，常年杂草生长也变慢，冬生杂草继续生长。这段时间可对茶树进行修剪，修剪枝条可放在茶园边，利于天敌培植，一些行动不便的害虫也因修剪而失去生存条件。

（三）易操作的病虫草害综合防治措施及其原理

1. 农业防治

换种改植或发展新茶园时，选用对当地主要病虫害抗性较强的品种；分批多次采茶，采除茶小绿叶蝉、茶橙瘿螨、茶白星病等为害芽叶的病虫，抑制其种群发展；通过修剪，剪除分布在茶丛中上部的病虫；秋末结合施基肥，进行茶园深耕，减少土壤中越冬的鳞翅目和象甲类害虫的数量；将茶树根际落叶和表土清理至行间深埋，防治叶病和在表土中越冬的害虫。

2. 物理防治

采用人工捕杀，减轻茶毛虫、茶蚕、蓑蛾类、卷叶蛾类、茶丽纹象甲等害虫的为害；利用害虫的趋性，进行灯光诱杀、色板诱杀、性诱杀或糖醋诱杀；采用机械或人工方法防除杂草。

3. 生物防治

保护和利用当地茶园中的草蛉、瓢虫和寄生蜂等天敌昆虫，以及蜘蛛、捕食螨、蛙类、蜥蜴和鸟类等有益生物，减少人为因素对天敌的伤害；允许有条件地使用生物源农药，如微生物源农药、植物源农药和动物源农药。

4. 农药使用准则

禁止使用和混配化学合成的杀虫剂、杀菌剂、杀螨剂、除草剂和植物生长调节剂；植物源农药宜在病虫害大量发生时使用。矿物源农药应严格控制在非采茶季节使用；从国外或外地引种时，必须进行植物检疫，不得将当地尚未发生的危险性病虫草害随种子或苗木引入。

二、广西有机茶园常见虫害及防治技术

1. 茶小绿叶蝉及其防治技术

（1）识别。该虫属不完全变态昆虫，一生只经过卵、若虫和成虫 3 个阶段。成虫体长 3～4 mm，全身黄绿色至绿色；卵长约 0.8 mm，香蕉形；若虫除翅尚未形成外，体形和体色与成虫相似。该虫以成虫和若虫刺吸茶树嫩梢枝汁液为害。被害芽梢生长受阻，新芽不发，为害严重时幼嫩芽叶呈枯焦状，无茶可采，全年以夏秋茶受害最严重，成虫栖息于茶丛叶层中，无趋光性，卵产于嫩梢组织中，若虫怕阳光直射，常栖息在嫩叶背面。

（2）发生规律。一年发生 9～12 代，以成虫越冬，翌年早春，成虫开始取食产卵，茶树发芽后开始产卵繁殖。成虫有陆续孕育和分批产卵习性，尤其是越冬代成虫的产卵期可长达 1 个月，因此各虫态混杂和世代重叠现象十分严重。全年一般有 2 个发生高峰，为 5～6 月和 9～10 月。成虫、若虫在雨天和晨露时不活动，时晴时雨、留养及杂草丛生的茶园有利于该虫发生。

（3）防治方法。①物理防治：成虫期可用天敌友好型色板和天敌友好型杀虫灯诱杀；及时铲除杂草；分批勤采，必要时适当强采。②生物防治：在湿度高的季节和区域，提倡喷洒白僵菌稀释液。③药物防治：在茶小绿叶蝉类第一次和第二次高峰期进行。第一个高峰期前每百叶有虫 20 头、第二个高峰期前每百叶有虫 12 头时，使用植物源农药鱼藤酮、天然除虫菊酯、藜芦碱、苦参碱、印楝素，手动喷雾器喷湿茶蓬正反两面为宜。④冬季封园：可使用石硫合剂封园。

2. 茶尺蠖及其防治技术

（1）识别。成虫体长 9 ～ 12 mm，体翅灰白色；卵短椭圆形，堆积呈卵块；幼虫有 5 个龄期，蛹长椭圆形。以幼虫取食嫩叶为害茶树，1 ～ 2 龄期形成发生中心，3 龄后分散取食，4 龄后开始暴食，虫口密度大时可将嫩叶、老叶甚至嫩茎全部食尽。

（2）发生规律。一般一年发生 5 ～ 6 代，以蛹在茶丛根际土中越冬，翌年 3 月成虫羽化，成虫有趋光性，卵堆产，幼虫 1 ～ 3 龄多在叶腹面，3 龄后怕光，常躲在茶丛荫蔽处，幼虫具吐丝下垂习性，老熟时入土化蛹。

（3）防治方法。①物理防治：在茶尺蠖越冬期间，结合秋冬季深耕施基肥，清除树干下表土中的虫蛹，成虫期可用信息素诱捕器和天敌友好型杀虫灯诱杀，虫量少时可人工捕杀。②生物防治：在湿度高的季节和区域，对 1 代、2 代、3 代、6 代茶尺蠖的 1 龄、2 龄幼虫期建议喷洒茶尺蠖核型多角体病毒和苏云金杆菌（Bt）制剂。③药物防治：该虫 1 代、2 代发生较整齐，因此要做好防治工作，在此基础上重视 7 ～ 8 月的防治。在幼虫 3 龄前施用鱼藤酮、苦参碱、藜芦碱进行喷雾防治。④冬季封园：可使用石硫合剂封园。

3. 茶毛虫及其防治技术

（1）识别。成虫体长 6 ～ 13 mm，雌蛾翅淡黄褐色，雄蛾翅黑褐色。卵近圆形、集产。幼虫黄褐色，各节的背面与侧面有 8 个绒球状毛瘤，上着生黄色毒毛，雌蛾产卵于老叶背面，幼虫有群集性，3 龄前群集性很强，常数十头至上百头聚集在叶背取食下表皮和叶肉，留下呈半透明黄绿色的薄膜状表皮。3 龄后开始分群迁散为害，咬食叶片呈缺刻状。幼虫老熟后爬至茶丛根际枯枝落叶下或浅土中结茧化蛹，成虫有趋光性。

（2）发生规律。一般一年发生 3 代，以卵块在老叶背面越冬。翌年 3 月幼虫开始孵化，为害期分别在 4～5 月，6～7 月，8～9 月，一般以春秋两季发生较严重。

（3）防治方法。①物理防治：在茶毛虫越冬期间，结合秋冬季深耕施基肥，清除树干下表土中的虫蛹，成虫期可用信息素诱捕器和天敌友好型杀虫灯诱杀，虫量少时可人工捕杀。②生物防治：在湿度高的季节和区域，对茶毛虫的 1 龄、2 龄幼虫期提倡喷洒杀螟杆菌、青虫菌或茶毛虫核型多角体病毒，间隔 7 天连喷 2 次 Bt 制剂可达 85% 以上防治效果。③药物防治：在幼虫 3 龄前施用印楝素、天然除虫菊酯进行喷雾防治。④冬季封园：可使用石硫合剂封园。

4. 茶角胸叶甲及其防治技术

（1）识别。茶角胸叶甲，鞘翅目，叶甲科，是近年南方茶区为害成灾的新害虫，也是苍梧县茶区近年来发生十分严重的一种害虫。成虫咬食茶树嫩梢芽叶，幼虫取食茶树根系，对茶叶产量、品质影响很大。雌成虫体长 3.5～3.8 mm，宽 1.8～2 mm，雄成虫体长 3.2～3.4 mm，宽 1.5～1.7 mm，体翅棕黄色。头颈短，头部刻点小且稀，复眼椭圆形，黑褐色。

（2）发生规律。一年发生 1 代，以幼虫在土中越冬。成虫无趋光性、具假死性，取食茶树新梢嫩叶或成叶，叶片被取食后呈不规则的小洞。卵聚产于茶园表土层和枯枝落叶下，幼虫老熟后上升至表土作一蛹室化蛹。一般于 4 月上旬越冬幼虫开始化蛹，5 月上旬成虫羽化，5 月中旬至 6 月中旬进入成虫为害盛期，6

月下旬开始减少，5月下旬开始产卵，7月上旬开始孵化，再以幼虫越冬。该虫卵期约14天，幼虫期280～300天，蛹期15天，成虫期40～60天。天敌有蚂蚁、步甲、蜘蛛等。

（3）防治方法。①物理防治：茶园耕锄、浅翻及深翻，可明显减少土层中的卵、幼虫和蛹的数量；利用成虫的假死性，用振落法捕杀成虫；成虫出土盛末期，是防治适期，及时安插天敌友好型色板诱捕成虫。②生物防治：利用鸟类、蚂蚁、步甲等捕食；提倡用白僵菌、苏云金杆菌处理土壤。

5．茶橙瘿螨及其防治技术

（1）识别。成螨体小，橙红色，呈胡萝卜形，白色透明；若螨体色浅，体形与成螨相似，但腹部环纹不明显。成螨和若螨以针状口器刺吸叶汁，主要为害嫩叶，被害叶腹面主脉发红，背面出现褐色锈斑，芽叶萎缩。

（2）发生规律。一年约发生25代，以卵、若螨在叶背面越冬。世代重叠严重，成螨常在叶腹面活动，若螨几乎全栖息为害在叶背面。夏茶受害最重，秋茶次之。高温多雨和高温干旱对其发生均有利。

（3）防治方法。①农业防治：选用抗虫品种，加强茶园管理，及时分批采摘，清除茶园杂草和落叶，茶季用氮磷钾混合施叶面肥，旱期应喷灌。②生物防治：保护自然天敌，主要是田间的食螨瓢虫和捕食螨。③药物防治：在螨害点片发生阶段可施用浏阳霉素、藜芦碱、矿物油进行喷雾防治。④冬季封园：可使用石硫合剂封园。

6. 茶蚜及其防治技术

茶蚜又称茶二叉蚜、可可蚜，俗称蜜虫、腻虫、油虫，除为害茶树外，还为害油茶、咖啡、可可、无花果等植物。

（1）发生规律。茶蚜一年可发生25代以上，以卵在茶树叶背面越冬，华南地区以无翅蚜越冬，甚至无明显越冬现象。当早春2月下旬平均气温持续在4℃以上时，越冬卵开始孵化，3月上中旬可达到孵化高峰，经连续孤雌生殖，4月下旬至5月上中旬出现为害高峰，此后随气温升高而虫口骤落，直至9月下旬至10月中旬，出现第二次为害高峰，并随气温降低出现两性蚜，交配产卵越冬，产卵高峰一般在11月上中旬。茶蚜趋嫩性强，以芽下第一、第二叶上的虫量最大。早春虫口以茶丛中下部嫩叶上较多，春暖后以蓬面芽叶上居多，炎夏锐减，秋季又增多。茶蚜聚集在新梢嫩叶背面及嫩茎上刺吸汁液，受害芽叶萎缩，伸展停滞，甚至枯竭，其排泄的蜜露，易招霉菌滋生，影响茶叶产量和质量。冬季低温对越冬卵的存活无明显影响，但早春寒潮可使若蚜大量死亡。茶蚜喜在日平均气温16～25℃、相对湿度在70%左右的晴暖少雨的条件下繁育。茶蚜的天敌资源十分丰富，如瓢虫、草蛉、食蚜蝇等捕食性天敌和蚜茧蜂等寄生性天敌。春季随茶蚜虫口增加，天敌数量也随之增加，对茶蚜种群的发展可起到明显的抑制作用。

（2）防治方法。①由于茶蚜集中分布在顶芽的两三片叶上，因此及时分批采摘是有效的防治措施。②为害较重的茶园应采用农药防治，施药方式以低容量蓬面扫喷为宜。药剂可选用鱼藤酮、天然除虫菊素，注意保护天敌。

7. 黑刺粉虱及其防治技术

（1）识别。该虫一生经过成虫、卵、幼虫、蛹4个阶段。成虫灰白色，栖息在茶丛中，有一定的飞翔能力。卵产于成叶和新叶的背面。卵经过一段时间后孵化为幼虫。幼虫是黑刺粉虱为害茶树的主要虫态。孵化的幼虫固定在叶背面刺吸茶树汁液，同时分泌排泄物，落到下方叶片腹面，诱发烟煤病，阻碍光合作用，影响茶树的发芽和树势。幼虫经过3龄后在原处化蛹。

（2）发生规律。一年发生4代，以老熟幼虫在茶树叶背面越冬，翌年3月化蛹，4月上中旬成虫羽化，第一代幼虫于4月下旬开始发生。第一至四代幼虫发生盛期分别在5月中旬、7月中旬、8月下旬及9月下旬至10月上旬。该虫喜郁闭，在茶丛中下部叶片较多的青壮龄茶园及台刈后若干年的茶园中容易大量发生，在茶丛中的虫口分布以中部为多，上部较少。

（3）防治方法。①农业防治：适时修剪疏枝、中耕除草，增强树势，增进通风透光。②物理防治：成虫期可用天敌友好型色板诱杀。③生物防治：在越冬代成虫发生后期（4月底5月初）可施用韦伯虫座孢菌进行喷雾防治，用手动喷雾器喷湿茶蓬正反两面，能有效控制该虫的为害发生。④冬季封园：可使用石硫合剂封园。

8. 茶丽纹象甲及其防治技术

（1）识别。以成虫取食茶树叶片为害。成虫体长 7 mm 左右，灰黑色上覆黄绿色鳞片，其羽化后，先在土中潜伏 2～3 天再出土活动取食。成虫善爬行，飞翔力弱，具假死性，咬食叶片呈不规则的缺口，上午露水干后及下午 2 时至黄昏期间活动最盛。卵椭圆形，黄白色，散产于土表。幼虫孵化后在表土中活动取食，老熟后入土化蛹。蛹为离蛹，长椭圆形。

（2）发生规律。一年发生 1 代，以幼虫在表土越冬。翌年 4 月下旬开始化蛹，5 月中旬成虫羽化出土，一般 6 月上旬至 7 月上旬成虫盛发，因此一年中以夏季为害最严重。

（3）防治方法。①农业防治：成虫高发期在地面铺塑料薄膜用振荡法捕杀成虫，7～8 月结合施基肥进行茶园耕锄、深翻、浅翻。②物理防治：成虫期可用天敌友好型色板诱杀。③生物防治：可施用白僵菌。④冬季封园：可使用石硫合剂封园。

三、广西有机茶园常见病害及防治技术

1. 茶炭疽病及其防治技术

（1）识别。茶炭疽病，病部小黑点为病菌的分生孢子盘。主要为害成叶，也可为害嫩叶和老叶。病斑多从叶缘或叶尖产生，水渍状，暗绿色圆形，后渐扩大成不规则形大型病斑，色泽黄褐色或淡褐色，最后变为灰白色，上面散生黑色

小粒点。病斑上无轮纹，边缘有黄褐色隆起线，与健全部分界明显。

（2）发生规律。以菌丝体在病叶中越冬，翌年当气温上升至20 ℃以上，相对湿度80%以上时形成孢子，主要借雨水传播，也可通过采摘等活动进行人为传播。孢子在水滴中发芽，侵染叶片，经过5～20天后产生新的病斑，如此反复侵染，扩大为害。温度25～27 ℃的高湿度条件下最易发病。本病一般在多雨的年份和季节中发生严重。全年以初夏梅雨季和秋雨季发生最盛。扦插苗圃幼龄茶园或台刈茶园由于叶片生长柔嫩，水分含量高，发病也多。单施氮肥的茶园比施用氮钾混合肥的发病重。品种间有明显的抗病性差异，一般叶片结构薄软、茶多酚含量低的品种容易感病。

（3）防治方法。

①选用抗病品种。②其他参考茶云纹叶枯病的防治方法。

2. 茶云纹叶枯病及其防治技术

（1）识别。茶云纹叶枯病又称叶枯病，是叶部常见病害之一，主要为害成叶和老叶、新梢、枝条及果实。叶片染病多在成叶、老叶或嫩叶的叶尖或其他部位产生圆形至不规则形水浸状病斑，初呈黄绿色或黄褐色，后期渐变为褐色，病部生有波状褐色、灰色相间的云纹，最后从中心部向外变成灰色，其上生有扁平圆形黑色小粒点，沿轮纹排列成圆形至椭圆形。具不大明显的轮纹状病斑，边缘具褐色晕圈，病健部分界明显。嫩

叶上的病斑初为圆形褐色，后变为黑褐色枯死。枝条染病产生灰褐色斑块，椭圆形略凹陷，生有灰黑色小粒点。

（2）发生规律。为害叶片，新梢、枝条和果实上也可发生。老叶和成叶上的病斑多发生在叶缘或叶尖，初为黄褐色水浸状，半圆形或不规则形，后变为褐色，一周后病斑由中央向外渐变为灰白色，边缘黄绿色，形成深浅褐色、灰白色相间的不规则形病斑，并生有波状、云纹状轮纹，后期

病斑上产生灰黑色扁平圆形小粒点，沿轮纹排列。嫩叶和芽上的病斑呈褐色，圆形，以后逐渐扩大，成黑褐色枯死。嫩枝发病后引起回枯，并向下发展到枝条。枝条上的病斑灰褐色，稍下陷，上生灰黑色扁圆形小粒点。果实上的病斑黄褐色，圆形，后变为灰色，上生灰黑色小粒点，有时病部开裂。

（3）防治方法。①加强茶园管理，增施肥料，勤除杂草，防旱抗冻，促使茶树生长健壮、提高抗病力。②秋茶采完后及时清除地面落叶并进行冬耕，把病叶埋入土中，减少翌年菌源。③药物防治：春茶开采前 10～15 天施用诱抗剂氨基寡糖素，4 月底至 5 月上旬用生防药剂多抗霉素或中生菌素，结合修剪共同防治，7 月中下旬可再用 1 次诱抗剂，其他时期发现病害，掌握在发病盛期前，用生物防治药剂或石灰半量式波尔多液处理，冬季封园可用石硫合剂。

3. 茶轮斑病及其防治技术

（1）识别。茶轮斑病又称茶梢枯死病，在茶园常见，被害叶片大量脱落，严重时引起枯梢，使树势衰弱，产量下降。主要为害叶片和新梢，嫩叶、成叶、老叶均可见发病，先在叶尖或叶缘上生出黄绿色小病斑，后扩展为圆形至椭圆形或不规则形褐色大病斑，成叶和老叶上的病斑具明显的同心轮纹，后期病斑中间变成灰白色，湿度大时出现呈轮纹状排列的黑色小粒点，即病原菌的子实体。嫩叶染病时从叶尖向叶缘渐变为黑褐色，病斑不整齐，焦枯状，病斑正面散生煤污状小点，病斑上没有轮纹，病斑多时常相互融合导致叶片大部分布满褐色枯斑。嫩梢染病尖端先发病，后变黑枯死，继续向下扩展引致枝枯，发生严重时叶片大量脱落或扦插苗成片死亡。

（2）发生规律。以菌丝体或分生孢子盘在病组织内越冬。翌年春季在适温高湿条件下产生分生孢子从叶片伤口或表皮侵入，经7～14天，新病斑形成并产生分生孢子，随风雨传播，进行再侵染。高温高湿条件适于发病，夏秋茶发生较重。排水不良，扦插苗圃或密植园湿度大时发病重。强采、机采、修剪及虫害严重的茶园，因伤口多，有利于病菌侵入，因而发病也重。

（3）防治方法。参照茶云纹叶枯病的防治。

4. 茶烟煤病及其防治技术

（1）识别。烟煤病种类多，但其共同点是在被害组织上可形成明显的黑色煤烟状物。茶园中以浓色烟煤病发生最普遍。此病在枝叶上初生黑色圆形或不规则形小病斑，逐渐扩大后布满全叶，后期黑色烟煤物上产生短刺毛状物，浓黑色，霉层厚而较疏松。茶树枝叶上覆盖煤污状黑霉，一是影响茶树正常的光合作用，二是在嫩叶枝梢上发生时，对成茶品质有一定影响。

（2）发生规律。烟煤病病原迄今已报道的有10多种，均属于子囊菌亚门的真菌。病菌以菌丝体、子囊壳或分生孢子器在病部越冬，翌年春季在适宜环境条件下形成孢子，随风雨传播，落于粉虱、蚧类和蚜虫等害虫的分泌物上，摄取营养并附着于枝叶表面生长蔓延，形成烟煤。此病发生与害虫有密切关系。此外茶园管理不良，荫蔽潮湿也有利于病害的发生。

（3）防治方法。由于该病的发生与某些害虫为害有关，首要任务就是有效地控制害虫。此外在封园或早春喷施0.5波美度石硫合剂，不仅可以防病，还可兼治粉虱类害虫。

5. 茶饼病及其防治技术

茶饼病又称叶肿病、疱状叶枯病，是茶树上一种重要的芽叶病害。茶饼病发生的茶园可直接影响茶叶产量，同时病叶制茶易碎、干茶苦涩影响茶叶品质。

（1）识别。嫩叶上初发病为淡黄色或红棕色半透明小点，后渐扩大并下陷成淡黄褐色或紫红色的圆形病斑，直径为 2～10 mm，叶背病斑呈饼状突起，并生有灰白色粉状物，最后病斑变为黑褐色溃疡状，偶尔也有在叶腹面呈饼状突起的病斑，叶背面下陷。叶柄及嫩梢被感染后，膨肿并扭曲，严重时，病部以上新梢枯死。花蕾及幼果偶尔发病。

（2）发生规律。以菌丝体潜伏于病叶的活组织中越冬和越夏。翌年春或秋季，平均气温在 15～20 ℃，相对湿度 85% 以上时，菌丝开始生长发育产生担孢子，随风雨传播初侵染，并在水膜的条件下萌发，山地茶园在适温高湿、日照少及连绵阴雨的季节最易发病。茶园低洼、阴湿、杂草丛生、采摘过度、偏施氮肥、不适时的台刈和修剪或遮阴过度等，也利于发病。茶树品种间的抗病性有一定的差异，通常小叶种表现抗病，而大叶种则表现为感病，大叶种中又以叶薄、柔嫩多汁的品种最易感病。

（3）防治方法。参照茶云纹叶枯病的防治。

6. 茶膏药病及其防治技术

（1）识别。茶园发生普遍的有灰色膏药病和褐色膏药病。2 种病害均形成厚膜紧贴于枝干上，似人体外伤时贴的膏药而得名。灰色膏药病病部初产生白色棉毛状物，后变为暗灰色，向四周伸出有光泽的丝状物，中央厚、边缘薄。菌膜表面平滑，湿度大时表面产生白粉状物，以后菌膜变为紫褐色，并干缩龟裂，逐渐脱落。褐色膏药病病部为褐色皮膜，表面呈丝绒状，边缘绕一周极狭的灰白色薄膜包围枝干，影响树体正常的生理活动，严重时可导致枝条枯死。

（2）发生规律。由担子菌亚门隔担菌属的不同真菌引起。病菌菌丝初为无色，后呈褐色或黑褐色，分枝繁密，形成膜状的菌丝层。5～6月，菌丝上形成担子和担孢子。膏药病的发生，一般认为与介壳虫有密切联系。病菌以介壳虫的分泌物为养料进行萌发和生长，形成膏药状菌膜。而介壳虫由于菌膜的保护而发生更严重。担孢子借气流和介壳虫活动而传播，使病害蔓延扩大。

（3）防治方法。抑制介壳虫的发生，并进行药剂防治。对发病多的枝干，可人为刮除菌膜，衰老树难以恢复的可进行重修剪或台刈，并注意病枝的处理。

四、广西有机茶园常见草害及防治技术

1. 看麦娘及其防治技术

（1）识别。多年生草本。秆直立，稍粗壮，高 1 ～ 1.25 m，无毛，节间有白色粉末。叶鞘长于节间，鞘口有长柔毛；叶舌钝圆，长 1 ～ 2 mm，先端有短毛。叶片长条形，长 20 ～ 50 cm，宽 1 ～ 1.5 cm，背面疏被柔毛并有白色粉末。圆锥花序扇形，长 10 ～ 40 cm，主轴长不超过花序的 1/2；穗轴不脱落，分枝坚硬直立；小穗披针形，成对生于各节，具不等长的柄，含 2 小花，仅第二小花结实，基盘具白色至黄褐色柔毛；第一颖先端渐尖，两侧均具脊，脊间有 2 ～ 3 脉；第二颖舟形，边缘具小纤毛；第一外稃矩圆状披针形，较颖稍短；第二外稃较狭，较颖短约 1/3，芒自先端裂齿间伸出，长 8 ～ 10 mm，膝曲。内稃微小，长约为外稃的 1/2。

（2）防治方法。①人工除草。②机械除草，可选择微耕机、割草机。③覆盖抑草，可选择稻草覆盖或地膜、防草布等覆盖。④套作抑草，人工种植鼠茅草、绿肥等作物。⑤动物抑草，在茶园中饲养牛羊等动物。⑥使用天然除草剂，如艾敌达、除草醋。

2. 牛筋草及其防治技术

（1）识别。一年生草本。根系极发达。秆丛生，基部倾斜，高 10 ～

90 cm。叶鞘两侧压扁状，具脊，松弛，无毛或疏生疣毛；叶舌长约 1 mm；叶片平展，线形，长 10～15 cm，宽 3～5 mm，无毛或腹面被疣基柔毛。穗状花序 2～7 个指状着生于秆顶，很少单生，长 3～10 cm，宽 3～5 mm；小穗长 4～7 mm，宽 2～3 mm，含 3～6 朵小花；颖披针形，具脊，脊粗糙；第一颖长 1.5～2 mm；第二颖长 2～3 mm；第一外稃长 3～4 mm，卵形，膜质，具脊，脊上有狭翼，内稃短于外稃，具 2 脊，脊上具狭翼。囊果卵形，长约 1.5 mm，基部下凹，具明显的波状皱纹。鳞被 2 枚，折叠，具 5 脉。花果期 6～10 月。

　　（2）为害特征。杂草根系发达，吸收土壤水分和养分的能力很强，而且生长优势强，耗水、耗肥常超过作物生长的消耗。株高常高出作物，影响作物对光能的利用和光合作用，干扰并限制作物的生长。杂草较多的茶园，其除草的用工量消耗多，由于大量用工，增加了生产成本。

　　（3）防治方法。参照看麦娘。

3. 芒萁及其防治技术

（1）识别。植株高 45 ～ 120 cm。根状茎横走，粗约 2 mm，密被暗锈色长毛。叶远生，叶柄长而粗，禾秆棕色，光滑；叶轴一至三回二叉分枝，一回羽轴长约 9 cm，被暗锈色毛，渐变光滑，有时顶芽萌发；腋芽小，密被锈黄色毛；芽苞长 5 ～ 7 mm，卵形，边缘具不规则裂片或粗齿，偶为全缘；各回分叉处两侧均各有 1 对托叶状的羽片，平展，宽披针形，等大或不等，生于一回分叉处的较长，生于二回分叉处的较短；末回羽片披针形或宽披针形，向顶端变狭，尾状，篦齿状深裂几达羽轴；裂片平展，线状披针形，顶钝，羽片基部上侧的数对极短，三角形或三角状长圆形，各裂片基部汇合，有尖狭的缺刻，具软骨质的狭边。侧脉两面均隆起，每组有 3 ～ 5 条并行小脉，直达叶缘。叶片纸质，腹面黄绿色或绿色，沿羽轴被锈色毛，后变为无毛；背面灰白色，沿中脉及侧脉均疏被锈色毛。孢子囊群圆形，着生于基部上侧或上下两侧小脉的弯弓处，由 5 ～ 8 个孢子囊组成。

（2）防治方法。参照看麦娘。

4. 白茅及其防治技术

（1）识别。多年生草本。秆直立，具 2 ～ 3 节；节长 4 ～ 10 m，具柔毛；叶多聚集于基部，叶鞘无毛或上部边缘和鞘口具纤毛，老时基部破碎成纤维状；叶舌干膜质，钝头，长约 1 mm；叶片线形或线状披针形，先端渐尖，基部渐狭，主脉明显突出于背部，长 5～60 cm，宽 2～8 mm，平滑无毛或背面粗糙，顶生叶片甚短小，长 1～3 cm，宽 1～2 mm。圆锥花序圆柱状，分枝短缩密集，花序基部有时较疏或间断，小穗披针形或长圆形，长 3～4 mm，基部密生丝状柔毛，具长短不等的小穗柄；两颖相等或第一颖稍短，大部分膜质，第一颖较狭，具 3～4 脉，第二颖较宽，具 4～6 脉；第一外稃卵状长圆形，先端钝，内稃缺，第二外稃披针形，先端尖，两侧均略呈细齿状，内稃长约 12 mm，宽约 15 mm，先端截平具数枚齿；雄蕊花药黄色；柱头嫩，深紫色。

（2）为害特征。是稻飞虱等害虫的中间寄主。与茶树争夺水肥，严重影响茶树生长。生长于路边或河岸两侧，常侵入旱田，因其生命力强，可成为难于根除的杂草。

（3）防治方法。参照看麦娘。

5. 马齿苋及其防治技术

（1）识别。一年生肉质草本。茎多分枝，平卧地面，绿色或紫红色。单叶，对生，有时互生；叶片矩圆形或倒卵形，全缘，肉质，光滑无毛。有花 3～8 朵，顶生于枝顶；萼片2枚；花瓣5片，黄色，具凹头，下部结合；雄蕊8～12枚；子房半下位，花柱4～6枚。果实为盖裂的蒴果；种子多数，黑褐色，肾状卵圆形。

（2）为害特征。春末发生，一年发生2～3代。种子发芽力强，可保存40年。喜阴湿，生于耕地、菜地、荒地和较湿的地方。很耐旱，拔下暴晒可数日不死，对作物为害较重，难于根除。遍布于全国各地。

（3）防治方法。参照看麦娘。

6. 藿香蓟及其防治技术

（1）识别。一年生草本植物，高50～100 cm，有时又不足10 cm。无明显的主根。茎粗壮，或少有纤细的（基部径不足1 mm），不分枝或自基部、中部以上分枝，或下基部平卧而节常生不定根。全部茎枝淡红色，或上部绿色，被白色尘状短柔毛或上部被稠密开展的长茸毛。叶对生，常有腋生不发育的叶芽；中部茎叶卵形、椭圆形或长圆形；自中部叶向上、向下及腋生小枝上的叶渐小。叶片基部钝或宽楔形，基出三脉或不明显五出脉，顶端急尖，边缘具圆锯齿，两面均被白色稀疏的短柔毛且有黄色腺点，腹面沿脉处及叶背面的毛稍多，有时背面近无毛，上部叶叶柄或腋生枝上的小叶叶柄通常被白色稠密开展的长柔毛。头状花序 4～18 个，在茎顶排列成紧密的伞房状花序，少有排列成松散状。花梗被尘状短柔毛。总苞钟状或半球形；总苞片 2 层，边缘撕裂。花冠外面无毛或顶端有尘状微柔毛，檐部 5 裂，淡紫色。瘦果黑褐色，5 棱，有白色稀疏细柔毛。冠毛膜片 5～6 个，长圆形，顶端急狭或渐狭呈长或短芒状，或部分膜片顶端截形而无芒状渐尖。花果期全年。

（2）防治方法。参照看麦娘。

第五章　有机茶园树形树势管理

一、茶树修剪技术

（一）茶树修剪及其作用

茶树修剪是根据茶树生长发育规律、茶树生长环境及茶园栽培管理要求，通过人为干预，剪除茶树部分枝条，改变茶树自然生长状态下的分枝习性的一种栽培技术手段。通过特定程度、特定时期的茶树修剪，培养茶树良好的骨干枝，形成高度适合，树冠平整宽阔，树势旺盛的茶园，从而有利于采摘管理，提高茶叶产量和品质。

（二）茶树修剪的方法

我国广大茶区在茶树种植管理上常用的修剪方法主要有定型修剪、轻修剪、深修剪、重修剪和台刈几种。具体方法的采用要结合生产实际需要，如茶树树龄、树势、品种、生长环境、修剪季节等。

1. 定型修剪

定型修剪是培养一定形态茶树的修剪，主要用于幼龄茶树和台刈后的茶树。幼龄茶树或者台刈后的茶树主干生长明显，侧枝生长缓慢，按照茶树的树冠培养要求，剪除部分枝叶，利用改变茶树顶端优势的原理，达到促进分枝，加宽树幅冠，以固定树形的目的。具体方法有一年一次定型修剪、分段修剪、弯剪结合等。

（1）一年一次定型修剪。常规茶园的定型修剪共需要进行 3 ～ 4 次。当茶苗高达 30 ～ 40 cm（或已有 1 ～ 2 条分枝），主茎直径（离地面 5 cm 处）大于 0.4 cm，可在离地 12 ～ 15 cm 处剪去主枝，侧枝不剪。第二次剪于翌年进行，在原来高度上提高 10 ～ 15 cm。第三次剪时，再推后一年，在原来高度上提高 10 cm，经过 3 次修剪后，树高可达 40 ～ 50 cm，冠幅为 70 ～ 80 cm，这时可转入"采养结合"方式。

（2）分段修剪。我国南部地区气候温暖，雨量充沛，茶树年生长量大，为避免一次性修剪带来的大创伤，以分枝是否达到定型修剪标准来判断是否进行下一次的定型修剪，一旦达到相关标准就进行修剪。每次只剪去部分枝叶，还留有一定数量的叶片进行光合作用，一年中可有多次修剪，显著缩短树冠培养时间。具体方法是第一次定型修剪在茶苗近地面处主茎直径（离地面 5 cm 处）大于 0.4 cm 时进行，剪口离地面高度为 12 ～ 15 cm。之后的修剪在达到剪口以上分枝茎粗超过 0.35 cm、新梢展叶 7 ～ 8 片、枝条木质化或半木质化其中一个条件即可开展下一次的定型修剪。每次定型修剪在原来的基础上提高 8 ～ 12 cm（即约剪去总长的 1/3 ～ 1/2）。一般分段修剪 2 年后，树高可达 60 cm 左右，之后可以进行 1 次平剪，按生产茶园进行管理。

（3）弯剪结合。弯枝法是与定型修剪配合使用的一种树冠培养方法。南方茶区气温高，茶树一年四季均处在生长状态，如果修剪后管理不善，容易对茶树造成伤害。通过对一定生长高度的茶树枝条进行弯曲固定，人为调整茶树分枝状态，充分利用茶树顶端优势原理，达到茶树损伤少，又能扩大树冠的目的。具体方法：①剪枝。把符合标准的茶苗（地径大于 0.4 cm）在离地 10 ～ 15 cm 处剪去。②弯枝。把第一次剪枝后长出 3 ～ 4 枝符合标准的枝条向四周空间成 90°～ 110° 下弯固定，同时摘去顶芽。用定桩固定，枝尾稍向上翘。通过以上操作，枝条上各部位的侧芽能迅速萌发，平卧的枝条上能长出多个向上的分枝，加速树冠扩大进程。待被弯枝上新梢长至分枝茎粗超过 0.35 cm，或枝条木质化或半木质化即可开展下一次的定型修剪，剪口在原来高度上提高 10 ～ 15 cm。

2. 轻修剪、深修剪

（1）轻修剪。轻修剪是在完成茶树定型修剪后，常用于生产茶园的一种修剪方式。主要目的是使树冠达到并控制在一定的高度，维持茶树冠面整齐、平整，通过调节生产枝条粗壮程度和数量，实现持续高产，提高鲜叶质量与采茶工效。具体方法是在每年茶季结束后进行，剪去树冠表层 3 ～ 5 cm 的枝叶。

（2）深修剪。深修剪是修剪程度比轻修剪更重的修剪措施。经过多次采摘和轻修剪以后，茶树冠面上的分枝越来越细，越来越密，这些细弱枝条育芽能力衰退，所萌发的芽头瘦小，对夹叶增多，茶叶产量和质量双下降。这种情况下，需要用深修剪的方法，剪去细密的鸡爪枝，促进茶树重新形成新的生命力旺盛的枝叶层，实现产量和质量的恢复。深修剪一般 5 年或更短时间进行 1 次，具体应视茶园状况、生产要求来掌握。总体要求是将结节枝全部剪去，保留比较粗壮均匀的枝条。小叶种一般剪去绿叶层的 1/3 ～ 1/2；大叶种一般剪去 1 ～ 2 层老枝条，生长势差压低 3 ～ 4 层。

修剪时期：一般在树体内贮藏物质的第二高峰期——春茶后进行深修剪，这样可以保证春茶的收获。深修剪由于剪去较大的部分叶，发芽季节会大大推迟，而且需要采用头轮茶留养、末轮茶打顶采摘的方法，因此深修剪对茶叶产量的影响很大。

3. 重修剪、台刈

（1）重修剪。重修剪的对象是未老先衰的茶树和一些树冠表现衰老，但是主枝和一级、二级分枝较粗壮、健康，具有较强的分枝能力的茶树，以及一些因长期失管，长势较强，但由于长期自然生长，茶树高度过高，不采取重修剪无法压低树冠，恢复正常生产的茶树。

（2）台刈。台刈的茶树是树势衰老，用重修剪已经无法恢复树势，增强肥力等措施也对产量促进不大的茶树。表现为其内部都是粗老枝干，枯枝率高，茎干上地衣苔藓多，枝干灰褐色，芽叶稀少等。台刈程度视茶树品种和长势而定，乔木型大叶种茶树留树桩宜高，一般为 5～10 cm，灌木型中小叶茶树可离地小于 5 cm 或平地剪去。剪得高，萌发的枝条数量多而细，剪得低，萌发的枝条数量少而壮。台刈切口要求平滑，适当倾斜，可防止积水，树桩不能撕裂。

4. 机械采茶园的修剪

机械采茶园的茶树高须达到 60 ～ 80 cm，生长健壮，未形成鸡爪枝，树冠面比较平整，故须在按照普通手工采茶茶园的修剪措施之上，结合机械采茶的特点，进行以下的额外修剪作业。

（1）每年应在第一次采茶前进行 1 次轻修剪，深度为 5 ～ 7 cm，避免机采树冠高低不平，影响采茶效果。

（2）每次采茶后立即进行 1 次掸剪，剪去采摘面上的硬梢、突出枝叶和病虫枝叶，深度 3 ～ 5 cm。

（3）每年采茶结束后进行 1 次茶园行间和周边的修剪和清理。

5. 有机茶园修剪注意事项

有机茶园由于不使用化学农药及化学肥料，故其修剪作业应该更好地结合茶树自身的生长规律，适时适度开展茶树的修剪作业。

（1）修剪时间的确定。修剪时间选择在茶芽生育休止时进行，但必须注意：①选择茶树茎、根部养分最丰富时期；②应选择有利于茶树恢复生机时期；③应选择有利于茶芽生育，形成良好骨干时期。从我国气候情况看，宜选择在春茶前或雨季前进行。

（2）修剪程度的确定。覆盖度较大的茶园，每年进行茶树边缘修剪，保持茶行间 20 cm 左右的间隙，以利于田间作业和通风透光，减少病虫害发生。轻修剪、深修剪、重修剪等修剪方式的选择应结合修剪季节、茶树长势、病虫害发生规律、生产安排需要等各方面因素综合考虑。

（3）修剪枝叶的处理。无病虫害的修剪枝叶应留在茶园内，以利于培肥土壤。将带病虫害的修剪枝叶清除出茶园进行无害化销毁。

二、有机茶园采摘技术

茶叶采摘既是茶树栽培的收获过程，茶叶加工的前期准备工作，也是茶树树冠管理的一项重要措施。采摘的时间、程度、技术等是否科学合理，直接关系到茶树鲜叶的质量与户量。在有机茶生产实践中，必须全面掌握茶叶采摘的各项影响因素，做到因地制宜、因时制宜、因茶制宜，科学采摘，以实现茶园持续高产、茶鲜叶高质，茶成品高收益。

（一）采摘标准的确定

1. 根据茶树自身生长情况

（1）幼年茶树或台刈后的茶树处于培养时期，应以养为主，不宜强采。一般在第二次定型修剪后，树高达40～50 cm，新梢生长将至成熟时，开始打顶养蓬采即"打顶采"（指采顶留边，以培养和扩大树冠的手工采茶方法）。骨架初步形成后，春季留1～2片真叶，夏季留1片真叶，秋季留鱼叶采。

（2）成龄且长势良好、树冠强壮的茶树以采为主，采养结合。一般春留鱼叶，夏留一真叶或前秋留一真叶。总之，根据不同地方的环境条件和茶树长势，全年酌情留若干叶片在树上。

（3）成龄但长势衰弱的茶树春夏季留鱼叶采，秋季集中留养不采。积蓄养分养树，或春季留鱼叶采后进行重剪或台刈，更新复壮树冠。

2. 根据所制茶类及等级对鲜叶的要求

（1）名优茶以嫩采细采为主。名优红茶、绿茶、白茶的加工，一般使用单芽、一芽一叶或二叶初展的鲜叶原料。这种采法，多用于各类名茶，细嫩新梢制成的特级名茶，外形优美，内质上等，具有较高的经济价值，但这种采法产量较低。

（2）大宗茶以适中采为主。茶树新梢成长到一定程度，展开3～4片叶时，采下一芽二叶或三叶初展及细嫩的对夹叶。这是目前大宗红茶、绿茶、白茶的主要采法，该法所采的芽叶形成茶风味的各种物质成分较高，可制成优质的红茶、绿茶、白茶，而且芽叶的重量大小适中，能兼顾产量与品质，能取得较高的经济效益。

（3）乌龙茶以开面采为主。茶树新梢将近成熟，顶芽形成驻芽，最后一片叶刚展开而形成对夹时，采下2～3片对夹叶。该法主要用于特种茶如乌龙茶的采摘。采制乌龙茶须待顶芽已成驻芽，新梢成熟，开始形成对夹叶，叶片大部已展开，采下一个驻芽和2～3片叶，或3～4片叶。达到这种标准的鲜叶原料醚浸出物、非酯型儿茶素和单糖含量高，有助于乌龙茶良好品质的形成。

（4）黑茶类以成熟采为主。用于制作黑茶类的原料标准范围一般较广，大部分待新梢成熟度较大时，采下其一芽四叶或五叶，这种传统的采摘方式主要是为了适应消费者的消费习惯。近年来由于经济发展和人民生活水平的提高，黑茶类的等级也逐渐丰富，高等级黑茶对应的鲜叶原料也要求更高，达到适中采的原料标准。

3. 根据气候变化及季节特点

气候变化及季节转换，对茶树的生长速度及其内含物成分的影响很大。为发挥最大经济效益，丰富产品结构，广西大部分红绿兼制的茶叶企业选择在春季采细采嫩，制作高档绿茶，夏季、秋季主要以大宗红、绿茶生产为主，采用适中采的方式。

（二）合理采摘的原则

1. 按标准及时采

以市场为导向，以企业实际生产为依据，兼顾产量与质量，兼顾不同茶类生产，兼顾同一茶类不同等级的生产。新梢达到采摘标准后，及时实施采摘，有利于提高产量，有利于增加采摘次数和延长采期，有利于茶树正常生长和长势旺盛。

2. 采养结合

及时采摘是提高产量的重要手段，但叶片是茶树光合作用的器官，过度采摘必然会影响茶树各种生理作用，最终影响茶树生育，适当留叶的目的是维持茶树有一定新叶进行光合作用。留叶与采摘是一对矛盾，具体的度应根据不同茶园、不同树势、不同气候特点而定。成年茶园一般春留鱼叶，夏留真叶，秋留鱼叶。

3. 分批多次采摘

分批多次采摘，即大采小养、早发早采、迟发迟采。符合标准的先采，未达标准的后采。要合理掌握分批多次采，综合考虑茶树品种、气候条件、树龄树势、管理水平、制茶原料等因素。

有机茶生产加工等实行全程质量控制。对产品的产前、产中、产后的全过程均要实行清洁生产措施，不得使用人工合成的化学农药、化肥、生长调节剂、食品添加剂，不采用离子辐射处理和转基因生物技术及其产品等，确保有机茶产品的质量安全。有机茶园采摘注意要点如下：①采茶人员岗前培训，采茶前禁止涂护肤品或与有异味的物品接触，以免污染有机茶鲜叶。②对有机茶鲜叶相关信息进行记录，保证茶鲜叶的有机纯正性。③盛装鲜叶的器具不得使用布袋、塑料袋等软包装材料，并要保持鲜叶通风透气，防止茶叶升温变质。④鲜叶采摘与病虫害防治相结合，在达到采摘标准的基础上及时采摘，降低病虫为害，病叶虫叶不采。

（三）手工采摘方式及特点

根据采摘时手指的动作、掌心朝向及作用力的不同区分，主要有折采、提手采等。

1. 折采

采摘细嫩原料的常用手法。一手抓住枝条，另外一手食指与拇指夹住细嫩新梢的芽尖和1～2片细嫩叶，然后轻轻用力将芽叶向下弯折，直至折断。该方法采摘鲜叶质量稳定统一，杂质少，但效率较低。

2. 提手采

提手采是手采最常用的采摘方式，各大茶类的适中标准采均采用这种方法。具体操作为掌心向上或者向下，用拇指、食指配合中指，夹住茶树新梢，在需要采断的部位用力向上提，将鲜叶采下。

（四）机械采摘方式及特点

近年来由于劳动力紧缺等原因，机械化采茶得到了较快的发展。茶叶机械化采摘是一项系统的农业工程，包括前期机采茶园的建设与管理、采茶机械的选择和操作使用等要素。机采茶园的栽培管理是基础，采茶机械是关键，操作技术的熟练程度是鲜叶质量的保证，机采茶园的建设及机采茶园配套修剪技术在前文已有述及。

1. 采茶机的常见种类及其适用范围

目前生产中使用较多的有双人采茶机、单人采茶机及微型充电式采茶机等。

（1）双人采茶机。双人采茶机有平型和弧型之分，适合平地无性系茶园，其特点是效率高，但要求采茶机的操作人员技术水平较高，配合默契。

（2）单人采茶机。单人采茶机为平型。山坡茶园上下起伏，行距窄，一般只能单侧作业，故单人采茶机常用于山坡茶园，效率比双人采茶机低，但只需单人操作，技术要求相对双人采茶机较低。

（3）微型充电式采茶机。其特点是环保轻便、操作灵活，效率比双人采茶机单人采茶机低。适合采摘长势不统一的无性系茶园或有性系茶园，特别是对鲜叶要求不高的有性系山坡茶园，如以山坡茶园为主的广西六堡茶群体种茶树鲜叶的采摘。

2. 有机茶园机械采摘技术

（1）机采准备。生产鲜叶要求较统一的茶类，可在机采前先安排手工采净过大过长的突出新梢，使采摘面上新梢大小一致；采茶机及相关工具按照有机茶生产的要求准备充分。

（2）机采操作。当茶园中有70%～80%新梢达到所制茶产品的原料要求时，即可进行机采。机采作业时，每行茶树由树冠中心线分成两侧，来回各采1次，去程应使剪口超出树冠中心线5～10 cm，回程再采去另一侧余下部分，两侧采摘高度要一致。采口高度根据鲜叶质量要求，应留鱼叶采，或在上次采摘面上提高1～2 cm采摘。采摘群体种茶树鲜叶时按照生产茶类及等级要求灵活采摘即可。

（3）鲜叶运输。使用专用的茶筐和茶篓盛装鲜叶，避免鲜叶贮运污染。鲜叶运输工具必须清洁卫生，提倡有机茶专用，运送前应进行彻底清洗，严防污染，不得混装来自非有机茶园的鲜叶，严禁混装有毒、有害、有异味的物品。防止鲜叶二次机械损伤，鲜叶运到加工厂后，应即时将鲜叶摊放在干净的竹席或摊青用具上，并做好相关生产记录。

第六章 有机茶加工、储运和销售管理

有机茶鲜叶采摘收获以后，必须经过一系列的加工工序方能成为有机茶产品，最终走进市场，获得经济效益。有机茶的加工、储运和销售管理，必须严格按照相关的标准执行，具体有《有机产品 生产、加工、标识与管理体系要求》（GB/T 19630—2019）、《有机茶》（NY 5196—2002）、《有机茶加工技术规程》（NY/T 5198—2002）以及企业自行制定的相关标准等。

一、有机茶加工厂选址与建设

（一）有机茶加工厂选址要点

有机茶加工厂须建在环境良好、无污染的地带，主要包括空气、水源和周边环境。

（1）大气环境。有机茶加工厂所处的位置，要求大气环境质量不低于《环境空气质量标准》（GB 3095—2012）中的二级标准要求。

（2）茶叶加工相关用水。有机茶加工用水、冲洗加工设备用水应达到《生活饮用水卫生标准》（GB 5749—2006）中的要求。

（3）厂房周边环境。有机茶加工属于食品加工范畴。要求加工厂距离垃圾场、医院 200 m 以上；距离经常喷洒化学农药的农田 100 m 以上；距离交通主干道 20 m 以上；距离排放"三废"的工业企业 500 m 以上。

（二）广西有机茶加工厂规划和建设

有机茶加工厂既是茶叶加工的场所，也是茶叶生产人员的重要活动场所，因此其设计规划要综合考虑到多方面的因素，不但要符合相关标准和规定的要求，也要考虑实用性和方便性，既要达到食品加工的卫生要求，也要同时适应加工的茶类的工艺要求。

（1）茶叶加工厂的设计、建设应符合《中华人民共和国环境保护法》《中华人民共和国食品卫生法》的要求。

（2）应有与加工产品、数量相适应的原料、加工和包装车间，车间地面应平整、光洁，易于冲洗；墙壁无污垢，并有防止灰尘侵入的措施。

（3）加工厂应有足够的原料、辅料、半成品和成品仓库。原材料、半成品

和成品不得混放。茶叶成品采用符合食品卫生要求的材料包装后，送入密闭、防潮和避光的茶叶仓库，有机茶与非有机茶应分开贮存。宜用低温保鲜库贮存茶叶。

（4）加工厂粉尘最高容许浓度为 10 mg/m³。

（5）加工车间应采光良好、灯光照度达到 500 lx 以上。

（6）加工厂应有更衣室、盥洗室、工休室，应配有相应的消毒、通风、照明、防蝇、防鼠、防蟑螂、污水排放、存放垃圾和废弃物的设施。

（7）加工厂应有卫生行政管理部门发放的卫生许可证。

（8）广西年降水量较大，厂区应规划在宽阔平坦、地势稍高的位置，利于排水。避免建在低洼或者有洪涝灾害影响的地带。

（三）有机茶生产配套设备

目前有机茶加工以机械化加工为主，在茶叶加工过程中，茶叶和不同的加工设备均有接触。设备的安装是否合理，设备的材料是否会对有机茶造成污染或影响其品质都是有机茶生产必须面临和解决的问题。

1. 加工设备及材料

有机茶加工应采用专用设备。不宜使用铅及铅锑合金、铅青铜、锰黄铜、铅黄铜、铸铝及铝合金材料制造接触茶叶的加工零部件。液态加工设备禁止使用易锈蚀的金属材料。允许使用无异味、无毒的竹、木等天然材料以及不锈钢、食品级塑料制成的器具和工具。新购设备和每年加工开始前，要清除设备的防锈油和锈斑。茶季结束后，应清洁、保养加工设备。

2. 动力设备及能源材料

加工设备的炉灶、供热设备应布置在生产车间墙外，需在生产车间内添加燃料的，应设搬运燃料的隔离通道，并备有燃料贮藏箱和灰渣贮藏箱。可用电、天然气、柴（重）油、煤作燃料，少用或不用木材作燃料。加工设备的油箱、供气钢瓶以及锅炉等设施与加工车间应留安全距离，加工设备应采取必要的防震措施，高噪声设备应安装在车间外或采取降低噪声的措施，车间内噪声不得超过 80 dB，确保有机茶生产过程安全无污染。

二、广西有机茶类别及加工技术

广西的有机茶主产区分布在贺州市昭平县、八步区，百色市凌云县、乐业县等，主要生产茶类有红茶、绿茶、白茶、六堡茶等。由于有机茶显著的经济效益、生态效益和社会效益，近年来广西有机茶的开发步伐明显加快，成为提高茶叶质量和竞争力、保护生态环境、节约自然资源的重要生产方式，受到各级政府部门、企业和茶农的广泛重视。"有机生态"纷纷被作为各地的宣传名片，一些地方政府除制定相应的优惠政策外，还配套一定的扶持政策发展有机茶，形成政府引导、企业自主发展的良好态势。

（一）有机茶加工基本要求

1. 人员要求

（1）加工人员上岗前应经过有机茶知识培训，了解有机茶的生产、加工要求。

（2）加工人员上岗前和每年度均应进行健康检查，持健康证上岗。

（3）加工人员进入加工场所应换鞋、穿工作衣、戴工作帽，并保持工作服的清洁，包装、精制车间工作人员需戴口罩上岗。

（4）不得在加工和包装场所从事与有机茶无关的活动，如用餐和进食。

2. 加工过程要求

（1）总体要求各类有机茶产品具有茶叶的自然品质特征和营养成分，品质纯正，无劣变、无异味。

（2）加工过程可以使用机械、冷冻、加热、微波、烟熏等处理方法及微生物发酵和自然发酵工艺；可以采用提取、浓缩、沉淀和过滤工艺，但提取溶剂仅限于符合国家食品卫生标准的水、乙醇、二氧化碳、氮，在提取和浓缩工艺中不得采用其他化学试剂。

（3）有机茶产品不着色，不添加人工合成的化学物质和香味物质。禁止在加工和贮藏过程中采用离子辐射处理。

（4）加工过程中不受污染。

3. 环境卫生要求

（1）应制定符合国家或地方卫生管理规定的加工卫生管理制度，茶叶加工和茶叶包装场地应在加工开始前全面清洗消毒 1 次。茶叶深加工厂应每天清洗或消毒。所有加工设备、器具和工具使用前均应清洗干净。

（2）若与非有机茶加工共用设备，应在非有机茶加工结束后彻底清洗或清洁。保证有机茶加工产品不被非有机茶产品或外来物质污染。

（3）通过消除有害生物的滋生条件预防有害生物的污染，可使用机械类、信息素类、气味类、黏着性的捕害工具和物理障碍、硅藻土、声光电器具等设施或材料防治有害生物，不应使用硫黄熏蒸。

（4）有机茶加工时对配料、添加剂、加工助剂有严格的要求，具体参照《有机产品 生产、加工、标识与管理体系要求》（GB/T 19630 — 2019）。

4. 质量跟踪记录要求

（1）应制定和实施质量控制措施，关键工艺应有操作要求和检验方法，并记录执行情况。

（2）应建立原料采购、加工、贮存、运输、入库、出库和销售的完整档案记录，原始记录应保存 3 年以上。

（3）每批加工产品应编制加工批号或系列号，批号或系列号一直沿用到产品终端销售，并在相应的票据上注明加工批号或系列号。

（二）广西有机绿茶加工技术

1. 鲜叶原料

获得有机产品认证的茶园生产的茶树鲜叶。

2. 加工工艺

（1）工艺流程：摊青—杀青—揉捻—干燥。

（2）操作要求。

摊青：验收合格的鲜叶摊放在摊青槽架或簸箕上，让茶叶自然萎蔫至适度。

杀青：采取加热措施，使鲜叶温度迅速升高至叶变暗绿，叶质柔软，手捏成团，并有弹性，折梗不断，青草气散发，略显清香，叶含水量 55% ～ 62% 为宜。

揉捻：用揉捻机对杀青叶进行揉捻，压力方式为轻—重—轻。首先轻揉 5 ～ 10 分钟后加压力揉 20 ～ 30 分钟，再减轻压力揉捻 5 ～ 10 分钟，一般揉捻 30 ～ 50 分钟为宜。

干燥：用烘干机具烘干，分为 2 道工序。毛火，温度为 110 ～ 120 ℃，烘至六成干，含水率 25% ～ 30%；毛火后要进行摊晾，摊晾时间为 0.5 ～ 1 小时。足火，温度为 80 ～ 90 ℃，干燥适度的含水率为 5% ～ 6%。

（三）广西有机工夫红茶加工技术

1. 鲜叶原料

获得有机产品认证的茶园生产的茶树鲜叶。

2. 加工工艺

（1）工艺流程：萎凋—揉捻—发酵—毛火—做形—足火。

（2）操作要求。

萎凋：验收合格的鲜叶，立即摊放在通风透气的摊晾设施上，在室温为 20 ～ 30 ℃、相对湿度为 60% ～ 90% 的条件下，摊叶厚度小于 20 cm，时间为 8 ～ 14 小时，萎凋叶含水率 60% ～ 64% 为宜。

揉捻：细胞破损率在 80% 以上，成条率在 90% 以上，条索紧卷，茶汁充分外溢，黏附于茶条表面为宜。进行茶叶的解块与筛分。

发酵：室温保持在 30 ℃、湿度大于 95%，摊叶厚度 8 ～ 10 cm，发酵时需保持室内空气新鲜，并 1 ～ 2 小时翻动 1 次。当芽叶及嫩茎红变，并散发出果香味时可完成发酵，春季参考发酵时间 4～6 小时，夏季参考发酵时间 2～3 小时。

毛火：毛火温度为 110～120 ℃，烘至六成干，含水率为 25%～30%。毛火后要进行摊晾，茶梗进行走水，摊晾时间为 0.5～1 小时。

做形：使用机具或手工将茶叶外形做成所需要的形状，当加工自然卷曲的茶叶产品时，此工序可省略。

足火：足火温度为 85～95 ℃，足干红茶的含水率为 4%～6%。

（四）有机六堡茶加工技术

目前尚无广西有机六堡茶加工的地方标准，但从事有机六堡茶加工生产的茶企已发展一定数量和规模。据不完全统计，梧州市范围内已通过有机双认证的六堡茶企业已超过 10 家，如较早通过有机认证的有苍梧六堡茶业有限公司等。有机六堡茶的加工主要综合参照《有机产品　生产、加工、标识与管理体系要求》（GB/T 19630—2019）、《黑茶　第 4 部分：六堡茶》（GB/T 32719.4—2016）、《有机茶》（NY 5196—2002）、《有机茶加工技术规程》（NY/T 5198—2002）、《六堡茶加工技术规程》（DB 45/T 479—2014）、《地理标志产品　六堡茶》（DB 45/T 1114—2014）、《六堡茶初制场地环境条件》（DB 45T 2071—2019）、《食品安全地方标准　六堡茶（传统工艺）》（DBS 45/057—2018）、《茶船古道　六堡茶　第 7 部分：加工技术规程》（T/LPTRA 1.7—2018）等标准以及企业自身的相关标准和规定执行。

三、有机茶仓储、运输和销售管理

（一）有机茶包装要求

1. 包装

（1）有机茶避免过度包装。

（2）包装必须符合牢固、整洁、防潮、美观的要求，能保护茶叶品质，便于装卸、仓储和运输。

（3）同批（次）茶叶的包装样式、箱种、尺寸大小、包装材料、净质量必须一致。

2. 包装材料

（1）包装（含大小包装）材料必须是食品级包装材料，主要有纸板、聚乙烯、铝箔复合膜、马口铁茶听、白板纸、内衬纸及捆扎材料等。（2）包装材料应具有防潮、阻氧等保鲜性能，无异味，必须符合食品卫生要求，不受杀菌剂、防腐剂、熏蒸剂、杀虫剂等物品的污染，并不得含有荧光染料等污染物。（3）包装材料的生产及包装物的存放必须遵循不污染环境的原则。宜选用容易降解或再生的材料，禁用聚氯乙烯（PVC）、混有氯氟碳化合物（CFCs）的膨化聚苯乙烯等作包装材料。（4）包装用纸必须符合《国家食品安全标准　食品接触用纸和纸板材料及制品》（GB 4806.8 — 2016）规定。（5）对包装废弃物应及时清理、分类，进行无害化处理。

（二）有机茶仓储要求

（1）禁止有机茶与人工合成物质接触，严禁有机茶与有毒、有害、有异味、易污染的物品接触。

（2）有机茶与非有机茶必须分开贮藏，提倡设有机茶专用仓库，必须清洁、防潮、避光和无异味，周围环境清洁卫生，远离污染源。

（3）用生石灰及其他防潮材料除湿时，要避免茶叶与生石灰等除湿材料直接接触，并定期更换。宜采用低温、充氮或真空贮藏。

（4）入库的有机茶标志和批次号系统要清楚、醒目、持久。严禁标签、批次号与货物不符的茶叶进入仓库。不同批号、日期的产品要分别存放。建立齐全的仓库管理档案，详细记载出入仓库的有机茶批号、数量和时间。

（5）保持仓库的清洁卫生，搞好防鼠、防虫、防霉工作。禁止吸烟和吐痰，严禁使用化学合成的杀虫剂、灭鼠剂及防霉剂。

（三）有机茶运输要求

（1）运输工具必须清洁卫生，干燥，无异味。严禁与有毒、有害、有异味、易污染的物品混装、混运。

（2）装运前必须进行有机茶的质量检查，在标签、批号和货物三者符合的情况下才能运输。

（3）包装储运图示标志必须符合《包装储运图示标志》（GB/T 191 — 2008）的规定。

（四）有机茶销售要求

（1）有机茶进货、销售、账务、消毒及工具要有专人负责。严禁有机茶与非有机茶混合作为有机茶销售。

（2）销售点应远离厕所、垃圾场和产生有毒、有害化学物质的场所，室内建筑材料及器具必须无毒、无异味。室内必须卫生清洁，并配有有机茶的贮藏、防潮、防蝇和防尘设施，禁止吸烟和随地吐痰。

（3）直接盛装有机茶的容器必须严格消毒，彻底清洗干净，并保持干燥整洁。

（4）销售人员应持健康合格证上岗，保持销售场地、柜台、服装、周围环境的清洁卫生。销售人员应了解有机茶的基本知识。

（5）销售单位要把好进货关，供货单位应提交有机茶证书附件并提供有机茶交易证明及相应的其他法律或证明文件。严格按有机茶质量标准检查，检查内容包括茶叶品质、规格、批号和卫生状况等。拒绝接受证货不符或质量不符合《有机茶》（NY 5196 — 2002）标准的有机茶产品。

（6）销售人员对所出售的茶叶应随时检查，一旦发现变质、过期等不符合标准的茶叶应立即停止销售。有异议时，应对留存样进行复验，或在同批（次）产品中重新按《茶 取样》（GB/T 8302 — 2013）的规定加倍取样，对有异议的项目进行复验，以复验结果为准。如意见仍不一致，可以封存茶样，委托上级部门或法定检验检测机构进行仲裁。

第七章　有机茶认证与标志

一、有机茶认证

（一）有机茶认证概念

有机茶认证是根据 IFOAM 的基本观点和标准的一种认证标准。有机茶叶要符合以下 3 个条件。

（1）有机茶叶的原料必须来自有机农业的产品（有机产品）。

（2）有机茶叶的原料是按照有机农业生产和有机食品加工标准而生产加工出来的茶叶。

（3）加工出来的产品或茶叶必须经有机食品（茶叶）颁证组织进行质量检查，符合有机食品（茶叶）生产、加工标准，颁给证书的食品（茶叶）。

（二）认证机构满足的条件

（1）认证机构应具备《中华人民共和国认证认可条例》规定的条件和从事有机产品认证的技术能力，并获得国家认证认可监督管理委员会（以下简称国家认监委）的批准。

（2）认证机构应建立内部制约、监督和责任机制，使受理、培训（包括相关增值服务）、检查和认证决定等环节相互分开、相互制约和相互监督。

（3）认证机构不得将认证结果与参与认证检查的检查员及其他人员的薪酬挂钩。

二、有机茶认证管理机构及管理办法

（一）有机茶认证管理机构

依据《中华人民共和国认证认可条例》和《有机产品认证管理办法》的规定，有机产品认证机构应当依法设立，具有《中华人民共和国认证认可条例》规定的基本条件和从事有机产品认证的技术能力。认证机构必须由国家认监委批准成立，经中国合格评定国家认可委员会（CNAS）能力认可后，方可从事有机产品认证活动。

从事有机产品认证的检查员应当经中国认证认可协会（CCAA）注册后，方可从事有机产品认证活动。境外有机产品认证机构在中国境内开展有机产品认证活动的，应当符合《中华人民共和国认证认可条例》及其他有关法律、行政法规，以及《有机产品认证管理办法》的有关规定。国家认监委定期公布符合规定的有机产品认证机构。不在目录所列范围之内的认证机构，不得从事有机产品的认证。目前经国家认监委批准成立的认证机构有27家，业务范围包含有机产品认证等，其中16家通过CNAS的有机产品认证能力认可。国内主要的有机产品认证机构有杭州中农质量认证中心（原中国农业科学院茶叶研究所有机茶研究与发展中心，OTRDC）、OFDC和中绿华夏有机食品认证中心（COFCC）等。

（二）有机茶认证管理办法

　　有机茶认证的管理办法参照《有机产品认证管理办法》，详见附件。

三、有机茶标识和有机产品认证标志

（一）标识

　　（1）有机茶产品应按照国家有关法律法规、标准的要求进行标识。

　　（2）中国有机茶产品认证标志仅应用于按照《有机产品　生产、加工、标识与管理体系要求》（GB/T 19630 — 2019）的要求生产或加工并获得认证的有机产品的标识。

　　（3）有机配料含量等于或者高于95%并获得有机产品认证的有机茶产品，方可在产品名称前标识"有机"，在产品或者包装上加施中国有机产品认证标志。不应误导消费者将常规产品和有机转换期内的产品作为有机产品。

　　（4）标识中的文字、图形或符号等应清晰、醒目。图形、符号应直观、规范。文字、图形、符号的颜色与背景色或底色应为对比色。

　　（5）进口有机茶产品的标识也应符合本标准的规定。

（二）有机产品认证标志

　　有机产品认证证书基本格式如下：

证书编号：_____

认证委托人（证书持有人）名称：_____

地址：_____

生产（加工/经营）企业名称：_____

地址：_____

有机产品认证证书

有机产品认证的类别：生产/加工/经营（生产类注明植物生产、野生采集、食用菌栽培、畜禽养殖、水产养殖具体类别）

认证依据：《有机产品　生产、加工、标识与管理体系要求》（GB/T 19630—2019）

认证范围：

序号	基地（加工厂/经营场所）名称	基地（加工厂/经营场所）地址	基地面积	产品名称	产品描述	生产规模	产量

（可设附件描述，附件与本证书同等效力）

注：

1. 经营是指不改变产品包装的有机产品储存、运输和（或）贸易活动。

2. 产品名称是指对应产品在《有机产品认证目录》中的名称；产品描述是指产品的商品名（含商标信息）。

3. 生产规模适用于养殖，指养殖动物的数量。

以上产品及其生产（加工或经营）过程符合有机产品认证实施规则的要求，特发此证。

初次发证日期：　　　　年　　　　月　　　　日

本次发证日期：　　　　年　　　　月　　　　日

证书有效期：　　　　年　　　　月　　　　日　至　　　　年　　　　月　　　　日

负责人（签字）：　　　　　　　　（认证机构印章）

认证机构名称：

认证机构地址：

联系电话：

（认证机构标识）　　　　　　　　（认可标志）

第八章 广西有机茶发展方向与展望

一、建立与完善有机茶生产相关地方标准

建立有机茶生产标准体系，有利于实现有机茶科学化、规范化、可溯源管理，带动有机茶品质和品牌效应稳步提升。可采取以下措施：①加大政策扶持，政府有必要出台有关扶持政策，成立专项资金支持地方及企业制定有机产品生产标准体系。②做好配套标准的制定、修订工作，茶产业标准化是涉及全产业链的系统工程，生产、包装、储运等各环节都很重要，因此，广西应及时做好质检、包装、仓储、运输等流通环节配套地方标准的研究制定。③鼓励茶叶企业制定自己的有机茶生产标准，在执行国家、行业、地方有关强制性标准外，有关主管部门应加大对企业制定标准的扶持与技术指导，鼓励和引导茶叶企业根据自身实际，制定严于茶叶地方标准、符合企业自身特点的企业标准，作为企业生产有机茶的依据。④及时修订更新有机茶生产标准，技术的更新换代对标准的更新提出更高的要求，对于标龄过长、适应性较差的地方标准，相应主管部门应及时修订，必要时甚至直接废止。

广西有机茶标准体系建设应遵循以下原则：①整体协同原则，有机茶生产标准体系是整个茶产业标准化体系的重要一环，构建有机茶生产标准体系，应整体协调其与茶叶标准体系各相关要素之间的关系，使标准体系层次清晰、结构合理。②因地制宜原则，在国家和茶叶行业标准化工作的框架下，有机茶生产标准体系构建应该结合广西茶产业的基本行情与特征，适当提高各项标准的适用性，主打有机的理念。③采标优先原则，将广西有机茶生产标准体系与国家和行业标准体系进行比较，对同项指标具有现行国家和行业标准的优先采标，对要素空白领域制定地方标准或团体标准，进而完善标准体系。

二、推广机械化生产技术，降低生产成本

在全国茶叶产能过剩的大背景下，要推进广西茶产业转型升级，就必须推动有机茶生产由传统的茶园全程机械化向数字化拓展，机械化与智能化、数字化结

合，建成智慧茶园，实现有机茶生产全程数字化管理。利用数字化技术、物联网技术、5G 技术以及手机 APP 实现对茶园可视化监控，对茶园种植数据、土壤环境实时监测，实行自动化运行和管理。建设有机茶数字化生产流水线，从凭经验做茶转变为数字做茶，通过数字化操作总控平台控制生产线的每一台机械运转。主管部门及各地农机鉴定推广机构要大力加强自身的能力建设，并及时更新自身农机知识储备；开展有机茶生产全程机械化作业效果综合测评，提炼技术模式，形成技术规范，指导茶农开展机械化生产作业；通过茶园机械化生产现场会等形式，对从事茶园生产的人员培训茶园机械操作和维护技能，提升技术素养，推动茶园生产机械化技术普及；建立一批茶园全程机械化生产示范基地，营造良好的技术推广氛围，加大对有机茶生产各个环节全程机械化技术的指导和示范，引导规范化、标准化、精细化有机茶园管理，重点推进茶叶加工、鲜叶采摘和茶树修剪等生产环节的机械化，降低有机茶生产成本。通过农机购置政策扶持有机茶生产龙头企业引进适宜的机械设备，鼓励微小型企业、种植大户联合共享有机茶生产设备。科技是第一生产力，要把科技创新摆在有机茶生产中更加重要的位置上。围绕有机茶生产智能化需求，整合财政资金，通过科技项目支持和政府资金扶持的形式，加大有机茶生产链中前瞻性、基础性和关键共性技术的研究开发。

三、加强生产监管，建立质量安全追溯系统

安全，是有机农产品的核心优势，为此需要加强有机茶的生产监管，建立质量安全追溯系统。不断完善质量认证体系建设，在自治区、设区市层面设立茶叶质量监督检验中心，负责完成辖区范围内的全部茶叶质量检测工作；加强对地方茶业企业在有机茶生产标准落实方面的监督和管理，在茶叶主产县（市、区）成立县级茶叶质量监督站，负责对有机茶生产与流通各环节的全面跟踪服务与监控，保障产品质量安全。基于"互联网+"的概念，广泛采用物联网、大数据和区块链等技术加快建立茶叶质量安全追溯系统，对有机茶产品的品种、生产环境、设备工艺、操作流程、仓库信息、包装信息、运输信息和经销商信息等全过程数据进行收集记录，保证来源可追溯、去向可查询、风险可掌控、责任可追究，让茶叶产品生产、加工、运输的各个过程及所有环节都能够责任到人，从而实现对茶叶产品溯源的目的，可向质量监管部门提供监测、执法依据。保证市场上合法出售的任何一款有机茶产品都能查到基本生产信息。进一步畅通投诉举报渠道，充分发挥新闻媒体、社会组织和消费者的监督作用，调动社会公众积极性，共同监督标准实施。

四、加大扶持力度，培育龙头企业

有机茶产业是一种循环农业，应受到政府的重视，由政府牵头组织有机产品示范创建工作，按照"政府引导、市场运作、企业自愿"的原则，引导企业与科研机构、茶叶合作社、茶农等形成联结机制，培育支持茶叶龙头企业，助力农民增收致富，带动产业做大做优做强，推动有机茶认证工作的健康发展。在政策的引领下，形成有机茶种植示范基地，扶持该行业的龙头企业，加快龙头企业的发展，给予专项资金投入、加大科技投入和政策扶持，成为茶产业标杆，为当地有机茶种植发挥带头引领作用。发展龙头企业能加强标准化生产基地建设，保障茶叶产品有效供给和质量安全，促进产业优化升级，完善产品市场体系，提高行业整体竞争力，实现标准化、规模化、品牌化发展。当地政府应大力支持企业建设高标准茶园基地，形成"公司＋基地＋农户"的发展模式，落实各项惠农政策，支持茶叶基地建设、茶叶企业发展和茶叶文化建设。

五、注重品牌宣传，开发地方特色有机茶产品

农业品牌化是中国农业转型升级的目标和路径，是推动农业供给侧改革、助力乡村振兴的现实路径。打造广西有机茶茶叶区域公用品牌、企业品牌、产品品牌，开发地方特色有机茶产品，是当前广西有机茶产业高质量发展的重要着力点。为此，各级政府要将有机茶品牌建设纳入中长期规划，出台相应的产业发展规划文件与激励措施，从规划层面着手做实做细品牌建设工作。要支持做强"桂字号"有机茶知名品牌，着力实施"品质造品牌"战略，加快打造茶叶区域公用品牌，重点培育一批具有广西地方特色，能够代表广西有机茶叶产业化发展水平的企业品牌和产品品牌。做好品牌保护工作，把有机茶品牌上升到各地城市名片的高度来发展，集中力量提升各地有机茶品牌美誉度和市场竞争力，不断壮大有机茶产业实体力量。加快茶产业电子商务网络建设，发展"互联网＋茶叶"，用直播卖货、微信团购、社区团购等销售模式将产品卖出去，不断深入挖掘营销渠道，宣传销售广西有机茶产品。支持优秀茶业企业开展茶业旅游项目，鼓励打造集看茶、采茶、炒茶、喝茶和茶餐厅、茶书舍等项目于一体的文化产业园，主动结合田园综合体开发和乡村旅游建设积极宣传和推广有机茶产品。

六、广西有机茶企业发展案例展示

近年来，广西以有机农业为基础，将有机农业与加工业、旅游业三产有机融合，拓宽了有机农业狭窄的发展领域，实现产业链延伸、产业范围扩展和农民增收，加快农业农村现代化步伐。以下以 2 个典型企业的发展情况稍作展示。

（一）广西顾式有机农业集团有限公司

2020 年农业农村部中国绿色食品发展中心批准了一批全国绿色食品（有机农业）一二三产业融合发展园区，广西乐业故事小镇入围其中。

乐业故事小镇有机茶一二三产业融合发展园区为广西顾式有机农业集团有限公司创建，位于广西乐业县甘田镇，园区有已获有机认证的有机茶园面积 810 亩，有机稻 1000 亩，每年加工有机茶、有机稻超过 500 t。

该园区加强休闲旅游方面的发展，建成四星级酒店、游客接待中心、体育馆、茶产品茶文化展厅、茶体验中心、亲子茶园采摘、茶文化走廊、休闲步道等设施。园区以有机茶产业和有机稻吸收入股分红 230 多户，每年每户分红 5000 元，安排就地就业 260 多人，人均年收入 3 万多元，土地流转费每年给当地农户 165 万元，收购农民种植的农产品 350 t，约 420 万元，每年免费培训当地农户 1500 多人次，带动休闲旅游 25 万人次，助推农民增收。

（二）鹿寨县大乐岭茶业有限公司

鹿寨县大乐岭茶业有限公司的有机生态茶园位于广西柳州市鹿寨县中渡镇，拥有千亩有机茶园和500 m²的双层加工车间，茶区为坡地茶园，坡度多小于25°，土壤深厚肥沃，土壤呈酸性，茶园间种桂花树，生态环境优美，是茶树较为适宜生长的环境之一。

园区引进种植国家和地方良种福鼎大毫、梅占、安吉白茶、桂绿1号等20多种，秉持"以生态促质量、以质量创品牌"的经营理念，按照有机茶栽培和管理技术要求，实施"猪—沼—茶—灯—黄板—生物有机肥"生态种植模式。凭借得天独厚的生态环境、精细成熟的加工工艺，大乐岭茶业有限公司生产的茶叶质优而独具特色，创制了获"中茶杯"金奖的红茶"桂妃红"、获"中茶杯"银奖的"佳人醉"等产品，拥有4项发明专利，已获得中国质量认证中心（CQC）有机认证以及欧盟ECOCERT有机认证、美国有机认证，并获得出口基地资质的备案，是广西有机茶发展的见证者和引领者。

附件

有机产品认证管理办法

第一章　总则

第一条　为了维护消费者、生产者和销售者合法权益，进一步提高有机产品质量，加强有机产品认证管理，促进生态环境保护和可持续发展，根据《中华人民共和国产品质量法》《中华人民共和国进出口商品检验法》《中华人民共和国认证认可条例》等法律、行政法规的规定，制定本办法。

第二条　在中华人民共和国境内从事有机产品认证以及获证有机产品生产、加工、进口和销售活动，应当遵守本办法。

第三条　本办法所称有机产品，是指生产、加工和销售符合中国有机产品国家标准的供人类消费、动物食用的产品。

本办法所称有机产品认证，是指认证机构依照本办法的规定，按照有机产品认证规则，对相关产品的生产、加工和销售活动符合中国有机产品国家标准进行的合格评定活动。

第四条　国家认证认可监督管理委员会（以下简称国家认监委）负责全国有机产品认证的统一管理、监督和综合协调工作。

地方各级质量技术监督部门和各地出入境检验检疫机构（以下统称地方认证监管部门）按照职责分工，依法负责所辖区域内有机产品认证活动的监督检查和行政执法工作。

第五条　国家推行统一的有机产品认证制度，实行统一的认证目录、统一的标准和认证实施规则、统一的认证标志。

国家认监委负责制定和调整有机产品认证目录、认证实施规则，并对外公布。

第六条　国家认监委按照平等互利的原则组织开展有机产品认证国际合作。

开展有机产品认证国际互认活动，应当在国家对外签署的国际合作协议内进行。

第二章　认证实施

第七条　有机产品认证机构（以下简称认证机构）应当经国家认监委批准，并依法取得法人资格后，方可从事有机产品认证活动。

认证机构实施认证活动的能力应当符合有关产品认证机构国家标准的要求。

从事有机产品认证检查活动的检查员，应当经国家认证人员注册机构注册后，方可从事有机产品认证检查活动。

第八条　有机产品生产者、加工者（以下统称认证委托人），可以自愿委托认证机构进行有机产品认证，并提交有机产品认证实施规则中规定的申请材料。

认证机构不得受理不符合国家规定的有机产品生产产地环境要求，以及有机产品认证目录外产品的认证委托人的认证委托。

第九条　认证机构应当自收到认证委托人申请材料之日起 10 日内，完成材料审核，并作出是否受理的决定。对于不予受理的，应当书面通知认证委托人，并说明理由。认证机构应当在对认证委托人实施现场检查前 5 日内，将认证委托人、认证检查方案等基本信息报送至国家认监委确定的信息系统。

第十条　认证机构受理认证委托后，认证机构应当按照有机产品认证实施规则的规定，由认证检查员对有机产品生产、加工场所进行现场检查，并应当委托具有法定资质的检验检测机构对申请认证的产品进行检验检测。

按照有机产品认证实施规则的规定，需要进行产地（基地）环境监（检）测的，由具有法定资质的监（检）测机构出具监（检）测报告，或者采信认证委托人提供的其他合法有效的环境监（检）测结论。

第十一条　符合有机产品认证要求的，认证机构应当及时向认证委托人出具有机产品认证证书，允许其使用中国有机产品认证标志；对不符合认证要求的，应当书面通知认证委托人，并说明理由。

认证机构及认证人员应当对其作出的认证结论负责。

第十二条　认证机构应当保证认证过程的完整、客观、真实，并对认证过程作出完整记录，归档留存，保证认证过程和结果具有可追溯性。

产品检验检测和环境监（检）测机构应当确保检验检测、监测结论的真实、准确，并对检验检测、监测过程做出完整记录，归档留存。产品检验检测、环境监测机构及其相关人员应当对其作出的检验检测、监测报告的内容和结论负责。

本条规定的记录保存期为 5 年。

第十三条　认证机构应当按照认证实施规则的规定，对获证产品及其生产、加工过程实施有效跟踪检查，以保证认证结论能够持续符合认证要求。

第十四条　认证机构应当及时向认证委托人出具有机产品销售证，以保证获证产品的认证委托人所销售的有机产品类别、范围和数量与认证证书中的记载一致。

第十五条　有机配料含量（指重量或液体体积，不包括水和盐，下同）等于或高于 95% 的加工产品，应当在获得有机产品认证后，方可在产品或者产品包装及标签上标注"有机"字样，加施有机产品认证标志。

第十六条　认证机构不得对有机配料含量低于 95% 的加工产品进行有机认证。

第三章　有机产品进口

第十七条　向中国出口有机产品的国家或者地区的有机产品主管机构，可以向国家认监委提出有机产品认证体系等效性评估申请，国家认监委受理其申请，并组织有关专家对提交的申请进行评估。

评估可以采取文件审查、现场检查等方式进行。

第十八条　向中国出口有机产品的国家或者地区的有机产品认证体系与中国有机产品认证体系等效的，国家认监委可以与其主管部门签署相关备忘录。

该国家或者地区出口至中国的有机产品，依照相关备忘录的规定实施管理。

第十九条　未与国家认监委就有机产品认证体系等效性方面签署相关备忘录的国家或者地区的进口产品，拟作为有机产品向中国出口时，应当符合中国有机产品相关法律法规和中国有机产品国家标准的要求。

第二十条　需要获得中国有机产品认证的进口产品生产商、销售商、进口商或者代理商（以下统称进口有机产品认证委托人），应当向经国家认监委批准的认证机构提出认证委托。

第二十一条　进口有机产品认证委托人应当按照有机产品认证实施规则的规定，向认证机构提交相关申请资料和文件，其中申请书、调查表、加工工艺流程、产品配方和生产、加工过程中使用的投入品等认证申请材料、文件，应当同时提交中文版本。申请材料不符合要求的，认证机构应当不予受理其认证委托。

认证机构从事进口有机产品认证活动应当符合本办法和有机产品认证实施规则的规定，认证检查记录和检查报告等应当有中文版本。

第二十二条　进口有机产品申报入境检验检疫时，应当提交其所获中国有机产品认证证书复印件、有机产品销售证复印件、认证标志和产品标识等文件。

第二十三条　各地出入境检验检疫机构应当对申报的进口有机产品实施入境验证，查验认证证书复印件、有机产品销售证复印件、认证标志和产品标识等文件，核对货证是否相符。不相符的，不得作为有机产品入境。

必要时，出入境检验检疫机构可以对申报的进口有机产品实施监督抽样检验，验证其产品质量是否符合中国有机产品国家标准的要求。

第二十四条　自对进口有机产品认证委托人出具有机产品认证证书起30日内，认证机构应当向国家认监委提交以下书面材料：

（一）获证产品类别、范围和数量；

（二）进口有机产品认证委托人的名称、地址和联系方式；

（三）获证产品生产商、进口商的名称、地址和联系方式；

（四）认证证书和检查报告复印件（中外文版本）；

（五）国家认监委规定的其他材料。

第四章　认证证书和认证标志

第二十五条　国家认监委负责制定有机产品认证证书的基本格式、编号规则和认证标志的式样、编号规则。

第二十六条　认证证书有效期为 1 年。

第二十七条　认证证书应当包括以下内容：

（一）认证委托人的名称、地址；

（二）获证产品的生产者、加工者以及产地（基地）的名称、地址；

（三）获证产品的数量、产地（基地）面积和产品种类；

（四）认证类别；

（五）依据的国家标准或者技术规范；

（六）认证机构名称及其负责人签字、发证日期、有效期。

第二十八条　获证产品在认证证书有效期内，有下列情形之一的，认证委托人应当在 15 日内向认证机构申请变更。认证机构应当自收到认证证书变更申请之日起 30 日内，对认证证书进行变更：

（一）认证委托人或者有机产品生产、加工单位名称或者法人性质发生变更的；

（二）产品种类和数量减少的；

（三）其他需要变更认证证书的情形。

第二十九条　有下列情形之一的，认证机构应当在 30 日内注销认证证书，并对外公布。

（一）认证证书有效期届满，未申请延续使用的；

（二）获证产品不再生产的；

（三）获证产品的认证委托人申请注销的；

（四）其他需要注销认证证书的情形。

第三十条　有下列情形之一的，认证机构应当在 15 日内暂停认证证书，认证证书暂停期为 1 至 3 个月，并对外公布。

（一）未按照规定使用认证证书或者认证标志的；

（二）获证产品的生产、加工、销售等活动或者管理体系不符合认证要求，且经认证机构评估在暂停期限内能够采取有效纠正或者纠正措施的；

（三）其他需要暂停认证证书的情形。

第三十一条　有下列情形之一的，认证机构应当在 7 日内撤销认证证书，并对外公布。

（一）获证产品质量不符合国家相关法规、标准强制要求或者被检出有机产品国家标准禁用物质的；

（二）获证产品生产、加工活动中使用了有机产品国家标准禁用物质或者受到禁用物质污染的；

（三）获证产品的认证委托人虚报、瞒报获证所需信息的；

（四）获证产品的认证委托人超范围使用认证标志的；

（五）获证产品的产地（基地）环境质量不符合认证要求的；

（六）获证产品的生产、加工、销售等活动或者管理体系不符合认证要求，且在认证证书暂停期间，未采取有效纠正或者纠正措施的；

（七）获证产品在认证证书标明的生产、加工场所外进行了再次加工、分装、分割的；

（八）获证产品的认证委托人对相关方重大投诉且确有问题未能采取有效处理措施的；

（九）获证产品的认证委托人从事有机产品认证活动因违反国家农产品、食品安全管理相关法律法规，受到相关行政处罚的；

（十）获证产品的认证委托人拒不接受认证监管部门或者认证机构对其实施监督的；

（十一）其他需要撤销认证证书的情形。

第三十二条　有机产品认证标志为中国有机产品认证标志。

中国有机产品认证标志标有中文"中国有机产品"字样和英文"ORGANIC"字样。图案如右：

第三十三条　中国有机产品认证标志应当在认证证书限定的产品类别、范围和数量内使用。

认证机构应当按照国家认监委统一的编号规则，对每枚认证标志进行唯一编号（以下简称有机码），并采取有效防伪、追溯技术，确保发放的每枚认证标志能够溯源于其对应的认证证书和获证产品及其生产、加工单位。

第三十四条　获证产品的认证委托人应当在获证产品或者产品的最小销售包装上，加施中国有机产品认证标志、有机码和认证机构名称。

获证产品标签、说明书及广告宣传等材料上可以印制中国有机产品认证标志，并可以按照比例放大或者缩小，但不得变形、变色。

第三十五条　有下列情形之一的，任何单位和个人不得在产品、产品最小销售包装及其标签上标注含有"有机""ORGANIC"等字样且可能误导公众认为该产品为有机产品的文字表述和图案：

（一）未获得有机产品认证的；

（二）获证产品在认证证书标明的生产、加工场所外进行了再次加工、分装、分割的。

第三十六条　认证证书暂停期间，获证产品的认证委托人应当暂停使用认证证书和认证标志；认证证书注销、撤销后，认证委托人应当向认证机构交回认证证书和未使用的认证标志。

第五章　监督管理

第三十七条　国家认监委对有机产品认证活动组织实施监督检查和不定期的专项监督检查。

第三十八条　地方认证监管部门应当按照各自职责，依法对所辖区域的有机产品认证活动进行监督检查，查处获证有机产品生产、加工、销售活动中的违法行为。

各地出入境检验检疫机构负责对外资认证机构、进口有机产品认证和销售，以及出口有机产品认证、生产、加工、销售活动进行监督检查。

地方各级质量技术监督部门负责对中资认证机构、在境内生产加工且在境内销售的有机产品认证、生产、加工、销售活动进行监督检查。

第三十九条　地方认证监管部门的监督检查的方式包括：

（一）对有机产品认证活动是否符合本办法和有机产品认证实施规则规定的监督检查；

（二）对获证产品的监督抽查；

（三）对获证产品认证、生产、加工、进口、销售单位的监督检查；

（四）对有机产品认证证书、认证标志的监督检查；

（五）对有机产品认证咨询活动是否符合相关规定的监督检查；

（六）对有机产品认证和认证咨询活动举报的调查处理；

（七）对违法行为的依法查处。

第四十条　国家认监委通过信息系统，定期公布有机产品认证动态信息。

认证机构在出具认证证书之前，应当按要求及时向信息系统报送有机产品认证相关信息，并获取认证证书编号。

认证机构在发放认证标志之前，应当将认证标志、有机码的相关信息上传到信息系统。

地方认证监管部门通过信息系统，根据认证机构报送和上传的认证相关信息，对所辖区域内开展的有机产品认证活动进行监督检查。

第四十一条　获证产品的认证委托人以及有机产品销售单位和个人，在产品生产、加工、包装、贮藏、运输和销售等过程中，应当建立完善的产品质量安全追溯体系和生产、加工、销售记录档案制度。

第四十二条　有机产品销售单位和个人在采购、贮藏、运输、销售有机产品的活动中，应当符合有机产品国家标准的规定，保证销售的有机产品类别、范围和数量与销售证中的产品类别、范围和数量一致，并能够提供与正本内容一致的认证证书和有机产品销售证的复印件，以备相关行政监管部门或者消费者查询。

第四十三条　认证监管部门可以根据国家有关部门发布的动植物疫情、环境污染风险预警等信息，以及监督检查、消费者投诉举报、媒体反映等情况，及时发布关于有机产品认证区域、获证产品及其认证委托人、认证机构的认证风险预警信息，并采取相关应对措施。

第四十四条　获证产品的认证委托人提供虚假信息、违规使用禁用物质、超范围使用有机认证标志，或者出现产品质量安全重大事故的，认证机构5年内不得受理该企业及其生产基地、加工场所的有机产品认证委托。

第四十五条　认证委托人对认证机构的认证结论或者处理决定有异议的，可以向认证机构提出申诉，对认证机构的处理结论仍有异议的，可以向国家认监委申诉。

第四十六条　任何单位和个人对有机产品认证活动中的违法行为，可以向国家认监委或者地方认证监管部门举报。国家认监委、地方认证监管部门应当及时调查处理，并为举报人保密。

第六章　罚则

第四十七条　伪造、冒用、非法买卖认证标志的，地方认证监管部门依照《中华人民共和国产品质量法》《中华人民共和国进出口商品检验法》及其实施条例等法律、行政法规的规定处罚。

第四十八条　伪造、变造、冒用、非法买卖、转让、涂改认证证书的，地方认证监管部门责令改正，处3万元罚款。

违反本办法第四十条第二款的规定，认证机构在其出具的认证证书上自行编制认证证书编号的，视为伪造认证证书。

第四十九条　违反本办法第八条第二款的规定，认证机构向不符合国家规定的有机产品生产产地环境要求区域或者有机产品认证目录外产品的认证委托人出具认证证书的，责令改正，处3万元罚款；有违法所得的，没收违法所得。

第五十条　违反本办法第三十五条的规定，在产品或者产品包装及标签上标注含有"有机""ORGANIC"等字样且可能误导公众认为该产品为有机产品的文字表述和图案的，地方认证监管部门责令改正，处3万元以下罚款。

第五十一条　认证机构有下列情形之一的，国家认监委应当责令改正，予以警告，并对外公布。

（一）未依照本办法第四十条第二款的规定，将有机产品认证标志、有机码上传到国家认监委确定的信息系统的；

（二）未依照本办法第九条第二款的规定，向国家认监委确定的信息系统报送相关认证信息或者其所报送信息失实的；

（三）未依照本办法第二十四条的规定，向国家认监委提交相关材料备案的。

第五十二条　违反本办法第十四条的规定，认证机构发放的有机产品销售证数量，超过获证产品的认证委托人所生产、加工的有机产品实际数量的，责令改正，处 1 万元以上 3 万元以下罚款。

第五十三条　违反本办法第十六条的规定，认证机构对有机配料含量低于 95% 的加工产品进行有机认证的，地方认证监管部门责令改正，处 3 万元以下罚款。

第五十四条　认证机构违反本办法第三十条、第三十一条的规定，未及时暂停或者撤销认证证书并对外公布的，依照《中华人民共和国认证认可条例》第六十条的规定处罚。

第五十五条　认证委托人有下列情形之一的，由地方认证监管部门责令改正，处 1 万元以上 3 万元以下罚款：

（一）未获得有机产品认证的加工产品，违反本办法第十五条的规定，进行有机产品认证标识标注的；

（二）未依照本办法第三十三条第一款、第三十四条的规定使用认证标志的；

（三）在认证证书暂停期间或者被注销、撤销后，仍继续使用认证证书和认证标志的。

第五十六条　认证机构、获证产品的认证委托人拒绝接受国家认监委或者地方认证监管部门监督检查的，责令限期改正；逾期未改正的，处 3 万元以下罚款。

第五十七条　进口有机产品入境检验检疫时，不如实提供进口有机产品的真实情况，取得出入境检验检疫机构的有关证单，或者对法定检验的有机产品不予报检，逃避检验的，由出入境检验检疫机构依照《中华人民共和国进出口商品检验法实施条例》第四十六条的规定处罚。

第五十八条　有机产品认证活动中的其他违法行为，依照有关法律、行政法规、部门规章的规定处罚。

第七章　附则

第五十九条　有机产品认证收费应当依照国家有关价格法律、行政法规的规定执行。

第六十条　出口的有机产品，应当符合进口国家或者地区的要求。

第六十一条　本办法所称有机配料，是指在制造或者加工有机产品时使用并存在（包括改性的形式存在）于产品中的任何物质，包括添加剂。

第六十二条　本办法由国家质量监督检验检疫总局负责解释。

第六十三条　本办法自 2014 年 4 月 1 日起施行。国家质量监督检验检疫总局 2004 年 11 月 5 日公布的《有机产品认证管理办法》（国家质检总局第 67 号令）同时废止。